제과제빵기능사
이론 및 실기

최신
출제기준에
따른

제과제빵기능사
이론 및 실기

안호기 · 이은준 지음

(주)교문사

머리말

최근 우리나라의 생활수준이 빠르게 향상되면서 제과·제빵에 대해 관심이 높아지고 있다. 현장 중심적인 기술교육을 목적으로 예비 기술인들이 반드시 준비되어야 할 제과제빵기능사 검정을 체계적으로 활용하고자 '한국산업인력공단'이 공개한 실기시험을 각 제조 공정별로 쉽게 이해할 수 있도록 《제과제빵기능사 이론 및 실기》를 집필하게 되었다.

우선 제과·제빵 제품을 생산하기 위해서 무엇보다 중요한 제과·제빵이론과 원재료를 간략하게 요약·정리하고 제과·제빵 공정의 이해를 높일 수 있도록 하였다. 특히 본서는 누구나 쉽게 이해할 수 있는 제과·제빵 기능검정 입문서로 기획되었으며, 설명과 주석보다는 실제 공정의 사진을 많이 수록하여 기능사 실기검정에 필요한 주요 핵심을 쉽게 이해할 수 있도록 하였다.

《제과제빵기능사 이론 및 실기》가 기능사 검정을 준비하는 수험생과 현장업무에 입문하는 기술인에게 많은 도움이 되길 바라며, 제과·제빵 기술을 배양하는 모든 제과인들에게 행운이 있기를 기원한다.
본서가 나오기까지 물심양면으로 많은 도움을 주신 모든 분들에게 감사의 마음을 전하며 부족하나마 이 한 권의 책이 제과·제빵에 관심을 가진 모든 이에게 작은 보탬이 되길 바란다.

2014년 8월
저자 일동

| 차례 |

CHAPTER 6
제빵실기

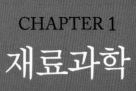

CHAPTER 1

재료과학

① 밀과 밀가루

밀알은 배아(2~3%), 내배유(약 83~85%), 껍질(약 13~15%)의 3부분으로 구성되어 있으며 밀가루는 밀(wheat)의 1차 가공제품으로 물과 혼합하면 끈끈한 반죽(dough)을 형성하는데, 이와 같은 물질을 글루텐(gluten)이라 한다. 이 글루텐(gluten)은 빵을 제조할 때 이스트(yeast)에 의해 만들어진 이산화탄소(CO_2)를 반죽 속에 포집하는 역할을 한다.

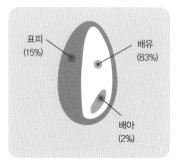

표피
(15%)

배유
(83%)

배아
(2%)

그림 1-1 밀알의 단면도

1) 밀의 분류

밀은 여러 가지 방법으로 분류될 수 있는데, 파종시기에 따라 겨울밀과 봄밀로 나눌 수 있고, 껍질의 색깔에 따라 붉은 밀과 흰 밀로 구분할 수 있다. 또한 조직에 따라 경질밀(hard whet)과 연질밀(soft whet)로 나눈다. 일반적으로 경질밀은 연질밀에 비하여 단백질 함량이 높다.

2) 밀가루의 분류

밀가루를 분류하는 데에는 크게 2가지 방법이 있다. 하나는 제분 시 사용한 소맥의 종류에 따른 단백질 함량의 차이로, 함량이 많은 것부터 강력분, 중력분, 박력분으로 구분한다. 다른 하나는 회분 함량(칼슘, 인, 철분, 마그네슘 등)의 차이로, 함량이 적을수록 고급이며, 보통 0.4~0.5% 이하가 적당하다.

강력분

강력분(bread flour)은 일반적으로 경질밀을 제분하여 만들며 11~13% 단백질과 0.4~0.5% 회분을 함유하고 있으며 점탄성이 있는 반죽을 만드는 데 알맞은 밀가루이다. 점착성과 탄력성이 강한 글루텐을 형성할 수 있는 글리아딘과 글루테닌을 많이 함유하고 있는 밀가루라는 뜻이다.

제빵용 밀가루는 빵 반죽을 발효시키거나 구울 때 반죽 내에 발생한 탄산가스가 반죽 밖으로 빠져나가지 않고 반죽 내에 잘 보유되어야만 기포를 많이 함유하여 잘 부풀어 오른 부드러운 빵을 만들 수 있다. 빵 반죽에서는 기포를 잘 보유할 수 있는 질긴 글루텐 망이 필요하므로 글루텐이 잘 형성될 수 있는 단백질인 글리아딘과 글루테닌이 많은 강력분을 사용하는 것이 적합하다.

중력분

중력분(all-purpose flour, 다목적밀가루)은 글루텐 양이 강력분보다 적고 박력분보다 많은 밀가루로 일반 가정용으로 여러 용도로 사용하며 주로 국수나 면 종류 또는 일부 부드러움이 중요시되는 햄버거 빵이나 샌드위치용 이태리 빵(foccacia) 등을 만들 때 사용된다. 단백질 함량은 보통 9~11%이다.

박력분

박력분은(cake flour) 연질밀을 제분하여 만들며 강력분과 중력분에 비하여 글루텐 망을 형성할 수 있는 글리아딘과 글루테닌이라는 단백질을 적게 함유하고 있어, 주로 과자나 케이크 등 글루텐 망의 형성이 적어야 좋은 제과용에 적합하다. 회분 함량이 0.4% 이하이고 단백질은 7~9%이며 부드러운 반죽을 만드는 데 알맞은 제과용 밀가루이다.

2 기타 가루

1) 호밀가루

호밀을 제분한 가루이며 주로 독일, 러시아, 북유럽 등지에서 호밀빵의 주원료로 이용된다. 호밀의 주된 단백질은 밀 단백질과 유사하나 프롤라민(prolamin)과 글루텔린(glutelin)인데, 이들은 글루텐 형성능력이 밀가루에 비해 떨어진다. 따라서 밀가루에 호밀가루를 첨가하여 호밀식빵을 만들 때에는 반죽의 신장성과 탄력성이 밀가루만으로 되어 있는 반죽에 비하여 좋지 못하므로 부피가 좋은 호밀식빵을 만들기 위해서는, 반죽온도와 발효온도는 보통 식빵에 비하여 낮게 하고, 반죽시간은 짧게 하며 발효시간을 늘려 충분히 발효시켜야 한다.

호밀가루의 성분은 탄수화물 70.9%, 단백질 12.6%, 지방 1.7%, 회분 1.9%, 수분 10.5%, 섬유질 2.4%로 구성되어 있다.

2) 콩가루(대두분)

대두(콩)은 동북아시아, 중국 북부가 원산지이며 쌀, 보리와 함께 단백질 급원식품이며, 대두분은 밀가루에 부족한 각종 아미노산을 함유하고 있어서 밀가루의 영양소 보강을 위해 사용하는 식품이다. 대두는 빵의 영양가를 높여 줄 뿐만 아니라 맛과 구운 색을 향상시킨다. 제빵에 많이 쓰이는 제품은 탈지 대두분이며 대두단백질은 밀 단백질에 비해 신장성이 결여되어 있으므로, 밀가루에 대두분의 첨가량이 많을수록 글루텐을 약하게 한다. 대두단백질은 필수아미노산인 리신 함량이 높아 밀가루 영양의 보강제로 빵, 과자 제품에 사용된다.

3) 활성 글루텐

밀가루 이외의 곡물가루를 첨가하면, 반죽 배합 중에 글루텐 함량이 줄어들어 반죽이 약해지게 된다. 이를 보강할 목적으로, 밀가루 반죽의 글루텐을 뽑아내어 건조시킨 것을 밀가루 대비 2~3% 정도 첨가하는데, 이 물질을 활성 글루텐이라고 한다. 단백질 함량은 70% 이상이며 사용하려는 밀가루의 단백질 함량이 낮아 이를 높여야 할 때, 혹은 섬유질, 호밀가루, 기타 부재료로 인해 밀가루 글루텐 함량이 낮아 졌을 때 사용한다.

활성 글루텐 제조 공정

■ 밀가루에 물을 넣고 믹싱하여 부드러운 반죽을 만든다.
■ 물로 반죽 중에 전분과 수용성 물질을 씻어 내어 제거한다(젖은 글루텐 반죽).
■ 젖은 글루텐 반죽을 진공상태에서 건조하고 분말 형태로 만든다(60℃ 이하에서 분무 건조).

구성성분

단백질 75~77%, 지방 0.7~1.5%, 회분 1% 내외, 수분 4~6%로 구성되어 있다.

사용 방법

■ 발효 전 단계에서 첨가한다.
■ 활성 글루텐을 사용할 때는 반죽시간을 약간 늘려 준다.
■ 첨가하는 중량에 대해 1.25~1.75% 흡수율을 증가 시킨다

효과

반죽의 믹싱 내구성을 개선하고 발효, 성형하는 동안에 안정성을 높이며 제품의 부피를 크게 하고 기공, 조직, 저장성을 개선한다.

4) 옥수수가루

옥수수는 특유의 구수한 맛과 식감 때문에, 옥수수가루를 제빵에 사용한다. 옥수수의 주된 단백질은 제인(zein)이며 라이신(lysine)과 트립토판(tryptophan)이 결핍된 불완전단백질이지만, 일반 곡류에 부족한 트레오닌과 함황아미노산이 많기 때문에 다른 곡류와 섞어 사용하면 좋다. 옥수수가루는 글루텐 형성 능력이 작으므로 밀가루에 섞어서 사용하는데, 옥수수가루의 양이 많을수록 반죽시간을 짧게 하고 발효시간을 길게 하며, 같은 부피의 빵을 만들기 위해서는 분할량을 10~20% 정도 증가시켜야 한다.

5) 보릿가루

보릿가루는 식이섬유 등이 풍부하여 건강에 유익하며 보리 특유의 구수한 맛 등으로 인하여 빵 원료로도 사용하며 밀가루와 섞어서 빵이나 과자를 만든다. 보리의 주 단백질인 호르데인은 글루텐 형성 능력이 작으므로 반죽시간을 짧게 하고 발효시간을 길게 하며, 같은 부피의 빵을 만들기 위해서는 분할량을 10~20% 정도 증가시켜야 한다.

3 물

물은 산소와 수소의 화합물로 무색, 무취의 액체이며 분자식은 H_2O이다. 제빵에 있어서도 가장 기본이 되는 중요한 원료이며 제빵에서 물의 경도는 발효 및 반죽에 큰 영향을 미친다. 물의 경도란 일반적으로 물에 녹아 있는 칼슘염과 마그네슘염의 양을 탄산칼슘의 양으로 환산한 값을 ppm으로 표시한 것으로, 제빵에 적합한 물은 경도 120~180ppm의 아경수이다.

1) 물의 경도
물에 녹아 있는 칼슘염 및 마그네슘염을 이것에 상응하는 탄산칼슘의 양으로 환산한 값을 ppm으로 표시한 것으로, 이 경도의 표시법은 국가에 따라 차이가 있다.

연수(軟水): 60ppm 미만
단물이라 하며 증류수, 빗물 등이 여기에 속한다. 제빵에 사용하면 글루텐을 연화시켜 반죽을 연하고 끈적거리게 한다.

경수(輕水): 180ppm 이상
센물이라고도 하며 바닷물, 광천수, 온천수 등이 여기에 속한다. 반죽에 경수를 사용하면 반죽이 질어지고 발효시간이 길어진다.

- **일시적 경수**: 탄산수소 이온이 들어 있는 경수로, 끓이면 불용성 탄산염으로 분해되고 가라앉아 연수가 되지만 물의 경도에는 영향을 주지 않는다.
- **영구적 경수**: 황산이온이 함유되어 있어 끓여도 연수가 되지 않는 물이다. 칼슘염, 마그네슘염은 물속에 용액 상태로 남아 경도에 영향을 준다.

아경수(亞輕水): 120~180ppm 미만
이스트의 영양물질이 되고, 글루텐을 경화(硬化)시키는 효과가 있어 제빵에 가장 알맞은 것으로 알려져 있다.

2) 물의 산도
물에 용해되어 있는 물질이 산성이면 산성 물(pH 7 이하), 알칼리성이면 알칼리성 물(pH 7 이상)이라고 한다. 제빵용 물로는 약산성의 물(pH 5.2~5.6)이 적합하며, 물의 pH는 효소 작용과 글루텐의 물성에 영향을 준다.

산성 물
발효를 촉진시키나 글루텐을 용해시켜 반죽이 찢어지기 쉽다.

알칼리성 물
반죽을 부드럽게 하지만 탄력성이 떨어지고 이스트의 발효를 방해해 발효 속도를 지연시킨다.

3) 물의 특성에 따른 처리 방법
연수
연수의 물을 사용할 경우 흡수율을 1~2% 정도 감소하고 이스트 사용량을 감소시키며 이스트 푸드와 소금양은 증가시킨다.

경수
경수의 물을 사용할 경우 이스트 사용량을 증가시키

며 이스트 푸드의 양을 감소시킨다. 맥아를 첨가, 효소 공급으로 발효를 촉진시킨다.

산성 물

산성 물을 사용할 경우 이온교환수지를 이용해 물을 중화시킨다.

알칼리성 물

알칼리성 물을 사용할 경우 가스 생산을 가속화시키기 위해 황산칼슘을 함유한 산성 이스트 푸드의 양을 증가시킨다.

4 소금

나트륨과 염소의 화합물로, 화학식은 NaCl(염화나트륨)이다. 시판되고 있는 식염은 정제염 99%에 탄산칼슘과 탄산마그네슘의 혼합물이 1% 정도 섞여 있는 것이다. 소금은 삼투압 작용으로 이스트의 발효를 방해하므로 빵을 제조할 때 주의해야 한다. 제빵용 식염으로는 광물질이 조금 함유된 것이 좋으며 소량의 마그네슘은 제빵 반죽의 글루텐을 견고하게 하기 때문에 불순물인 광물질의 존재가 오히려 반죽의 발효에 도움을 준다.

1) 제빵에서의 소금의 역할

- 빵의 풍미를 개선해준다. 소금을 첨가하면 설탕, 유지, 달걀 등의 맛을 향상시키며 빵이 자연스러운 풍미를 갖게 한다.

- 반죽의 발효 속도를 지연시킨다. 이스트의 발효를 억제하여 제빵 작업 속도를 적절히 조절한다.
- 반죽을 견고하게 한다. 글루텐을 강화시켜 탄력 있는 빵을 만든다.
- 껍질색을 조절한다. 반죽 속의 당 분해를 줄여 껍질색이 잘 들도록 한다.
- 잡균의 번식을 방지한다. 삼투압 작용에 의해 박테리아의 번식을 억제하여 빵의 향미를 증가시킨다.

2) 사용량

- 일반적으로 밀가루 대비 2%를 사용한다.
- 고율배합 제품일 경우 식염량을 약간 증가시킨다.
- 발효시간이 긴 경우 잡균 번식을 방지하기 위하여 여름철에는 식염량을 약간 늘리고, 겨울철에는 감소시킨다.
- 사용할 물이 연수일 경우 소금사용량을 조금 증가시키면 글루텐을 강화시킬 수 있다.

5 감미제

감미제(sweetening agents)는 제과·제빵에 있어서 중요한 기본재료 중의 하나이다. 그 기능 또한 다양하여 감미의 역할 외에도 영양소, 안정제, 발효 조절제 등의 역할을 한다.

1) 감미제의 종류

제과·제빵에 이용되는 감미제에는 설탕, 분당, 전화당(invert sugar), 포도당, 물엿(corn syrups), 맥아 및 맥아 시럽, 당밀, 유당, 올리고당, 이성화당, 꿀 등이 있다.

2) 감미제의 기능

제빵에서의 기능

- **맛**: 단맛을 낸다.
- **이스트의 먹이**: 설탕, 맥아당, 포도당 등은 이스트의 먹이로서 발효가 진행되는 동안 이스트에 발효성 탄수화물을 공급한다. 설탕은 포도당과 과당을, 맥아당은 2분자의 포도당을 만들어 이스트에 들어 있는 효소 치마아제가 알코올 이산화탄소 가스를 생성하게 한다.
- **껍질색**: 이스트에 의해 소비되고 남은 당은 캐러멜화(caramelization) 반응 또는 메일라드(Maillard) 반응에 의해서 빵의 껍질 색을 진하게 한다. 이것은 빵 반죽 속의 밀가루 단백질과 환원당 사이의 갈변반응(메일라드 반응) 또는 캐러멜화를 통해 껍질색을 진하게 한다.
- **부피감**: 이스트의 당 발효로 생성된 이산화탄소는 빵 반죽을 팽창시켜 굽기 과정 시 빵에 부피를 주며, 속결, 기공, 내부를 부드럽게 하여 빵의 조직과 촉감을 좋게 해준다.
- **보습제**: 당은 수분을 보유력이 있어 제품의 노화를 지연시켜 저장 수명을 연장시킨다.

메일라드 반응(갈변반응)

프랑스의 화학자 메일라드(L.C. Maillard)가 발견했다고 하여 붙여진 명칭이다. 밀가루, 유제품, 달걀 등에 함유되어 있는 아미노산과 환원당이 가열에 의해 반응하여 갈색으로 변하는 현상이며 비환원당인 설탕에서는 반응이 나타나지 않는다.

캐러멜화 반응

당분을 고온에서 가열하면 분해, 중합하여 착색물질(캐러멜)을 만드는데, 이것을 캐러멜화 반응이라 하며 당의 종류에 따라 착색도가 달라진다. 설탕은 160℃에서 캐러멜화가 시작되고, 포도당과 과당은 낮은 온도에서 착색된다.

제과에서의 기능

- **맛**: 단맛을 나게 한다.
- **재질**: 밀가루 단백질의 연화작용으로 제품의 기공, 조직을 부드럽게 한다.
- **껍질색**: 메일라드 반응과 캐러멜화를 통해 껍질색을 진하게 한다.
- **저장성**: 당의 수분 보유로 인해 노화를 지연시켜 신선도를 지속시킨다.
- **향미**: 일반적으로 제과 제품은 단맛 등 독특한 향미를 많이 필요로 하는데, 이때 설탕, 꿀, 당밀 등 감미제의 특성에 따라 독특한 향을 내게 한다.

6 유지류

유지류(fat & oil)는 지방산과 글리세롤이 결합한 화합물로, 단순지방의 하나이다. 지방산의 종류에 따라 상온에서 액체인 기름(油, oil)과 고체인 지방(脂, fat)으로 나뉘는데, 유지란 이를 총칭하는 말이다.

1) 유지의 분류

- **유(油) - 식물성**: 참기름, 면실유, 대두유, 올리브유 등

　　　　　　– 동물성: 어유(魚油)

■ **지방(脂)** – 식물성: 카카오버터, 팜유 등

　　　　　　– 동물성: 버터, 라드, 소기름 등

■ **가공유지**: 마가린, 쇼트닝

버터

버터(butter)는 기름에 물이 분산되어 있는 유중수적형(W/O형, water in oil)의 형태로, 향미가 우수하여 제과·제빵에 많이 사용된다. 우유지방 80~81%, 수분 14~17%, 소금 0~3%, 카세인, 단백질, 광물질, 유당을 합쳐 1%, 부피로 1~5%의 공기가 들어 있다. 유지 중 풍미가 가장 뛰어나고 크리밍성, 쇼트닝성 등 다양한 제과적성을 가지고 있다. 일반 쇼트닝 제품에 비해 비교적 융점이 낮고 가소성의 범위가 좁다는 단점이 있어 18~21℃에서 작업하는 것이 좋다.

　　제조 방법에 따라 젖산균을 넣어 발효시킨 발효버터와 젖산균을 넣지 않고 숙성시킨 스위트버터, 2%의 소금을 넣은 가염버터와 소금을 넣지 않은 무염버터, 식물성 유지를 섞은 컴파운드버터 등으로 나뉘며 보관온도는 −5~0℃에서 냉장보관하는 것이 좋으며, 냄새를 잘 흡수하므로 냄새가 강한 것과 함께 보관하지 않도록 한다.

라드

라드(lard)는 돼지의 지방조직으로부터 분리해서 정제한 것으로, 상온에서 백색의 고형인 지방이다. 풍미가 좋고 가소성 범위가 넓으며 쇼트닝성이 뛰어나지만, 크리밍성과 산화안정성이 약하다. 주로 빵, 파이, 쿠키, 크래커 등에 쇼트닝가를 높이기 위해 사용된다.

마가린

마가린(margarine)은 기름에 물이 분산되어 있는 유중수적형(W/O형, water in oil)의 형태이며 버터의 대용 유지로, 정제한 동·식물 유지나 경화유에 유화제, 향료, 색소, 소금, 발효유 등을 더해 유화시킨 후 급냉·연합하여 만든 것이다. 마가린은 동물성, 식물성, 이들의 혼합 등 어느 지방이라도 사용할 수 있으며 사용하는 지방에 따라 버터에 비해 가소성, 유화성, 크림성을 대폭 개선할 수 있는 장점이 있다. 마가린은 가소성 정도에 따라 체온에서 녹는 식탁용과 부드러우며 크림가가 높은 제과용, 단단하고 밀납질인 롤인(roll in)용으로 나뉜다. 냉암소에 보관하는 것이 좋으며, 냉장보관하면 신선한 풍미를 오래 보존할 수 있다.

쇼트닝

쇼트닝(shortening)은 가소성, 쇼트닝성, 크리밍성, 유화 분산성, 흡수성, 산화안정성 등의 특성을 가지고 있어 빵, 과자 등의 공정에서 작업을 용이하게 하고 바삭하고 부드러운 식감을 준다. 최근에는 빵용, 케이크용, 버터크림용, 샌드크림용, 튀김용 등 용도별로 출시되고 있으며 보관방법은 냉암소에 보관하는 것이 좋다.

식물성유

식물성유에는 참기름, 면실유, 대두유, 올리브유, 낙화생유, 유채유 등이 있으며 상온에서 액체 상태이고 100% 지방으로 필수지방산과 비타민 E가 풍부하다.

2) 제과·제빵에서의 유지의 기능

크림성

크림성(creaming ability)은 믹싱할 때 지방 사이사이에 공기를 함유하여 크림이 되는 성질이 있다. 이때 함유된 공기는 굽기 과정을 통해 팽창하면서 적정한 부피와 조직을 만든다.

쇼트닝성

짧게 끊는다는 뜻의 쇼튼(shorten)에서 유래한 것으로 믹싱 중에 유지가 얇은 막을 형성하여 전분과 단백질이 단단하게 되는 것을 방지하여 제품을 부드럽게 하는 성질을 쇼트닝성(shortening ability)이라 한다.

안정성

공기 중의 산소에 의한 산패에 잘 견디는 안정성(stability)이 큰 유지는 쿠키 등에 사용하면 저장성이 향상된다.

가소성

가소성(plasticity)이란 고체의 유지를 교반하면 고체 상태가 반죽상태로 변형되어 유동성을 가지는 성질을 말하며, 제과·제빵 제조 시 유지가 균일하게 혼합된 반죽은 유지가 가지고 있는 가소성 때문에 신장성이 좋아지므로 잘 밀어 펴진다. 또한 신장성이 좋은 반죽은 오븐 안에서도 잘 부풀어 올라 부피가 커지고, 열이 잘 전달된다.

식감의 향상

제품에 부드러움과 특정한 향을 주어 입안에서의 식감(mouth feel)을 좋게 한다.

저장성의 향상

지방이 많은 제품은 노화가 느리게 일어나고 부드러움이 오래 남기 때문에 저장성(storage stability)이 향상된다.

7 우유와 유제품

1) 우유의 성분

우유의 성분조성은 수분과 고형물로 나눌 수 있는데, 그 비율은 수분 87.5%, 고형물 12.5%이다. 고형물 중에는 단백질 34%, 유당 47.5%, 유지방 3.65%, 회분 0.7%가 들어 있다. 우유단백질의 75~80%는 카제인으로, 열에 강하여 100℃에서도 응고되지 않으나, 유장단백질인 락트알부민과 락토글로블린은 열에 약한 편이다.

우유에 있는 유당은 효모에 의하여 발효되지 않아 제품에서 껍질색을 내거나 수분보유의 기능이 있으며, 특히 칼슘 및 무기질이 풍부하여 제품의 영양 보강에 효과적이다. 또한 우유는 반죽의 글루텐을 발달시켜 빵의 속결을 부드럽게 하고, 향과 풍미를 개선시킨다. 우유를 이용한 유제품에는 분유, 연유, 크림 등이 있다.

2) 유제품의 종류

연유

우유 속의 수분을 줄인 농축우유로써 무가당연유와 가당연유가 있다. 가당연유는 보통 40% 이상의 설탕(또는 포도당)을 첨가하여 보존성이 좋다.

크림

우유의 지방을 원심 분리하여 농축한 것으로 일반적으로 생크림이라고 하면 유지방 18% 이상으로 정하고 있다. 커피용·조리용은 20~30%, 휘핑용은 45% 이상의 진한 생크림이 적당하다.

분유

농축우유를 분무·건조시켜 가루로 만든 것으로 원유를 건조시킨 전지분유와 지방을 뺀 탈지유를 건조시킨 탈지분유가 있다.

3) 제빵에서의 우유의 역할

- 제품의 영양가를 높인다.
- 제품의 향과 풍미를 개선한다.
- 빵 속을 부드럽게 하며 광택을 좋게 하고, 크림색을 띠게 한다.
- 껍질색을 향상 시킨다.
- 믹싱 시 내구력을 높이고, 오버믹싱의 위험을 감소 시킨다.

8 달걀

1) 달걀의 구성

달걀은 껍질(10%), 흰자(60%), 노른자(30%)로 구성되어 있으며, 일반적으로 달걀 1개의 무게가 60g 이상이 되면 노른자의 비율이 감소하고 흰자의 비율이 높아진다.

2) 달걀 제품

달걀은 생달걀, 냉동달걀, 분말달걀 등이 있으며, 유럽이나 미국에서는 냉동달걀과 분말달걀도 사용하고 있지만, 우리나라에서는 일반적으로 생달걀을 많이 사용한다. 제과·제빵에서 배합표에 기재된 것 외로 달걀을 첨가할 경우에는, 달걀의 수분량을 달걀 무게의 75%로 계산하여, 그 분량만큼의 물의 양을 줄여주어야 한다.

3) 달걀의 특성과 기능

기포성

달걀흰자를 교반하면 단백질이 피막을 형성하여 공기를 함유하여 많은 기포가 형성되며, 이 미세한 공기는 가열 시 팽창하여 케이크 제품의 부피를 크게 한다. 흰자에 기포성이 두드러지게 나타나는 이유는 지방처럼 기포성을 저해하는 물질이 흰자에 없기 때문이며 달걀의 기포성을 이용한 제품에는 머랭, 무스, 수플레, 마시멜로, 스펀지케이크 등이 있다.

유화성

노른자에는 강한 유화작용을 일으키는 인지질인 레시틴(lecithin)이 함유되어 있기 때문에 천연 유화제로 많이 이용된다. 이를 이용한 대표적인 식품은 마요네즈이며, 제과·제빵에 있어서도 유지를 반죽 전체에 골고루 분산시키는 역할을 한다.

버터케이크, 슈 반죽, 노른자가 들어간 버터크림 등이 달걀의 유화성을 이용한 제품들이다.

열 응고성

단백질이 열에 의해 굳는 성질을 말하며 이는 단백질이 변성(變性)하여 물에 녹지 않는 불용성을 갖기 때

표 1-1 이스트의 구성

수분	단백질	회분	인산	pH
68~83%	11.6~14.5%	1.7~2.0%	0.6~0.7%	5.4~7.5

문이다. 노른자보다는 흰자가 응고력이 강하다. 달걀의 열응고성을 이용한 제품으로는 머랭, 마카롱 등이 있다.

색

달걀은 제품 속의 색을 식욕을 돋우는 색상으로 형성하고, 빵 반죽에 달걀물을 칠하여 굽기를 하면 당분과 아미노산이 메일라드 반응을 일으켜 갈색을 만든다.

영양·풍미

양질의 단백질원으로, 제품의 풍미를 개선한다.

9 이스트

이스트(yeast)는 분류학상 자낭균류에 속하는 원형 또는 타원형의 단세포 미생물로, 보통 출아법에 의하여 증식한다. 빵, 맥주, 포도주를 만들 때 쓰는 효모라고도 불리는 이스트의 종류는 수백 종에 이르며, 그중에서 제빵에 주로 사용하는 이스트는 사카로마이세스 세레비지에(Saccharomyces cerevisiae)로, 순수 배양한 것을 사용한다. 이스트의 형태는 원형 또는 타원형이며 길이는 1~10μm, 폭은 1~8μm이고 1개

의 세포가 하나의 생명체를 이루고 있다. 생이스트의 경우 1g 중의 세포 수는 50~100억 개에 달하며 30~38℃, pH 4.5~4.9의 범위에서 발효력이 최대가 되지만, 45℃를 넘거나 4℃보다 낮으면 활성이 극단적으로 저하된다. 이스트 세포는 63℃ 이상에서, 포자는 69℃ 이상에서 사멸된다.

1) 이스트의 일반 성분

생이스트는 68~83%가 수분이고 나머지는 단백질, 탄수화물, 지방, 광물질 등으로 구성되어 있으며 그 함량은 이스트의 형태와 배양조건에 따라 다르다. 제빵용 생이스트의 수분은 73% 전후로 하는 것이 일반적이다.

2) 이스트에 존재하는 효소

말타아제

맥아당(엿당)을 가수분해하여 2분자의 포도당으로 분해시켜 지속적인 발효가 진행된다. 최적온도는 30℃ 전후이며, 최적 pH는 6.0~6.8 정도이다.

인베르타아제

자당(설탕)을 가수분해하여 포도당과 과당으로 분해시킨다. 최적온도는 50~60℃이며, 최적 pH는 4.2 전후이다.

치마아제

포도당과 과당을 분해해 탄산가스와 알코올을 생성하는 효소로 빵 반죽 발효를 최종적으로 담당하는 효소이다. 최적온도는 30~35℃이며, 최적 pH 5.0 전후이다.

리파아제

세포액에 존재하며, 지방을 지방산과 글리세린으로 분해한다.

프로테아제

단백질을 분해하는 작용을 하며 펩티드 아미노산을 분해 생성한다.

3) 이스트의 종류

생이스트

생이스트(fresh yeast)는 압착효모(compressed yeast)라고도 하며, 70~75%의 수분을 함유하고 있어 보존성이 낮고 자기소화(이스트 세포 내의 효소에 의하여 이스트 자신이 분해되는 것)를 일으킨다. 자기소화현상은 높은 온도에서 활성을 나타나므로 이를 방지하기 위하여 균일하고 낮은 온도에 보관해야 한다. 보존 기간은 냉장보관이라 해도 약 2주일 정도이며, 그 이상이 되면 활성이 저하되므로, 생이스트는 사용할 만큼만 개봉하여 되도록 빨리 사용해야 한다.

활성 건조이스트

활성 건조이스트(active dry yeast)는 70% 이상인 생이스트의 수분을 7~9% 정도로 건조시킨 것으로 수분 함량이 저장성이 좋다. 보관은 공기와의 접촉을 피하고 습기가 없는 서늘한 곳이 좋으며 6개월에서 1년 정도는 이스트의 활성이 저하되지 않은 채 보관이 가능하다. 사용방법은 반죽에 고루 분산시키기 위해 물에 녹여서 사용하며, 보통 이스트양의 4~5배 되는 물을 40℃ 전후로 데운 후 5~10분간 수화시켜 사용한다.

4) 좋은 이스트의 조건

■ 보존성이 좋아야 한다.
■ 이스트 자체에 이상한 맛이나 냄새가 나지 않고 다른 미생물에 의한 오염이 없어야 한다.
■ 발효력이 강하고 지속성이 있어야 한다.
■ 수화 시 물에 잘 녹고 반죽 속에 균일하게 분산되어야 한다.
■ 밀가루 중의 발효 저해물질에 대한 저항력이 있어야 한다.

🔟 이스트 푸드

이스트 푸드(yeast food)는 제빵용 수질을 개선하기 위해 썼던 것이나, 현재는 이스트의 발효를 촉진시키고 빵 반죽의 질을 개선하기 위한 제빵 개량제로 쓰이고 있다.

1) 이스트 푸드의 역할

수질 개선
이스트 푸드의 칼슘염과 마그네슘염은 물의 경도를 적절하게 조절하여 제빵에 적합한 물로 조절한다.

이스트의 영양 공급
이스트는 다른 식물과 마찬가지로 질소 인산, 칼륨의 3대 영양소를 필요로 하는데, 이스트 푸드의 암모늄염 성분이 부족한 질소를 제공한다.

반죽의 pH 조절
알칼리성이 강한 반죽은 발효를 저해하므로 이스트 푸드에 함유되어 있는 효소제와 산성 인산칼슘에 의해 반죽의 pH를 낮춰 가스 보유력을 높이며 이스트의 발효를 촉진시킨다.

반죽의 물리적 성질 개량
반죽의 물리적 성질을 좋게 하기 위한 반죽개량제로는 산화제와 효소제가 사용되며 산화제는 반죽의 글루텐을 강화시키고, 효소제는 반죽의 신장성을 좋게 한다. 산화제로는 브롬산칼륨, 아스코르브산, 아조디카본아미드(ADA) 등이 사용되며, 효소제로 사용되는 것은 알파-아밀라아제와 프로테아제이다.

2) 사용 시 주의할 점
- 산화제의 종류와 양을 확인한다.
- 효소제의 계통(맥아, 곰팡이, 균사)을 확인한다.
- 첨가량이 적어도 효과가 크므로 정확히 계량한다.
- 물 또는 밀가루에 균일하게 분산시킨다.
- 이스트와 함께 녹이지 않는다.

11 계면활성제

액체의 표면 장력을 수정시키는 물질인 계면활성제를 빵 반죽에 더하여 반죽하면 반죽의 기계 내성을 향상시키고 유지를 분산시켜, 제품의 조직과 부피를 개선하며 노화를 지연시킨다.

12 팽창제

제과·제빵에서는 제품을 부풀려 부피를 크게 하고 부드러움을 주기 위해 밀가루 반죽을 부풀리는 목적으로 여러 가지 팽창제를 사용하는데, 제빵에서는 주로 이스트(효모)를 사용하며, 제과에서는 화학적 팽창제인 베이킹파우더를 비롯한 탄산수소나트륨, 타르타르산 크림 등을 사용한다. 팽창제는 굽기 중 가열에 의해 화학반응을 일으켜 반죽 내에 탄산가스와 암모니아 가스를 발생시켜 이 가스가 반죽을 부풀려 부피를 크게 하고 부드러움을 주어 식감을 좋게 한다.

팽창제는 천연품으로 효모와 합성품으로 된 베이킹 파우더, 탄산수소나트륨(중조), 암모늄계 팽창제(탄산수소암모늄, 염화암모늄), 기타 팽창제 등이 있다.

13 안정제

식품에 대한 유화안전성을 높이고 점착성을 증가시키며 식품을 보존하는 동안 신선도를 유지시키기 위해 첨가하는 물질로 물과 기름, 기포, 콜로이드의 분산과 같이 상태가 불안정한 화합물에 첨가해 상태를 안정시키는 물질이다.

1) 안정제의 종류

한천
한천(agar-agar)은 해조류인 우뭇가사리를 끓여 성분을 추출, 건조시켜 만든 것으로 식물성 젤라틴이라고도 한다. 한천은 물에 담가 충분히 물을 흡수시킨 후 끓는 물에 용해시켜 사용하며, 물의 양의 1~1.5% 정도 사용하면 젤라틴과 같은 효과를 얻을 수 있다.

한천의 용해온도는 80℃ 전후이고, 응고온도는 30℃ 부근이며 설탕의 농도가 높을수록 굳기 쉽다.

젤라틴
젤라틴(gelatin)은 동물의 껍질이나 연골 속의 콜라겐을 정제한 것으로 형태는 판상과 분말이 있고 사용방법은 물에 담가 흡수, 팽윤시킨 후 용해하여 사용하며 최대 흡수량은 보통 젤라틴 중량의 10배 정도이다. 젤라틴은 40~60℃에서 용해되고 10℃ 전후에서 응고한다.

펙틴
과일과 식물의 조직 속에 존재하는 다당류로, 보통 감귤류나 사과의 펄프로부터 얻는다. 메톡실기 8% 이상의 펙틴(pectin)을 사용해야 젤리를 형성한다.

14 초콜릿

초콜릿의 주원료인 카카오나무의 열매를 원 재료로 하여 만들어 진다. 영어(chocolate, 초콜레이트), 불어(chocolat, 쇼콜라), 독일어(schokolade, 쇼콜라데)이다. 초콜릿의 학명은 'Theobroma cacao(테오브로마 카카오)'이다. Theobroma란 '신의 음식'이란 뜻의 그리스어이며, 실제로 카카오나무의 카카오콩은 항산화물질인 폴리페놀을 비롯한 양질의 지방분, 식이섬유, 비타민, 미네랄 등이 균형 있게 포함돼 있어 '신의 음식'이라 불리기에 손색이 없다.

원산지는 남아메리카 브라질의 아마존 강 상류와, 베네수엘라의 오리노코 강 유역이다.

1) 초콜릿의 원료
초콜릿의 원료로는 카카오매스, 코코아 분말, 카카오 버터, 설탕, 우유, 레시틴 및 기타 유화제, 향 등으로 이루어져 있다.

2) 제조 공정
- **원료**: 카카오콩이 공장에 도착한다.
- **선별**: 나쁜 콩이나 쓰레기를 골라내어 좋은 콩만을 사용한다.
- **볶음**: 콩을 넣고, 카카오콩 특유의 향을 우려낸다.
- **분리**: 콩을 분쇄하고 껍질 등을 골라낸다(카카오 니브).
- **배합**: 초콜릿의 풍미를 잘 내기 위해 여러 종류의 카카오 니브를 혼합한다. 카카오 니브에는 지방분이 55%나 함유되어 있어서 그것을 갈아 으깨면 걸쭉한 상태의 카카오매스가 된다.

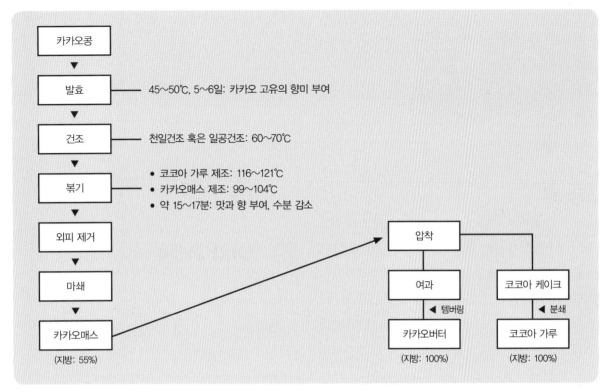

그림 1-2 초콜릿, 코코아의 제조 공정

■ **혼합**: 카카오매스에 우유나 설탕, 카카오버터 등을 혼합한다.

■ **미립화**: 롤에 넣어 부드럽게 한다.

■ **정련**: 콘체라는 기계로 장시간 반죽하면 초콜릿향이 생긴다.

카카오콩 ▶ 발효 ▶ 건조 ▶ 코코아빈 ▶ 볶기(110~120℃) ▶ 파쇄, 외피 제거 ▶ 마쇄, 압착 ▶ 코코아매스 ▶ 재료혼합 ▶ 미립화 ▶ 콘칭 ▶ 템퍼링 ▶ 커버추어

카카오콩 ▶ 발효 ▶ 건조 ▶ 볶기(110~120℃) ▶ 파쇄, 외피 제거 ▶ 마쇄, 압착 ▶ 카카오매스 ▶ 카카오버터 & 파우더

※ 카카오콩에는 약 50% 정도의 지방(카카오버터)을 함유하고 있으며 이를 갈아서 짠 기름이 카카오버터이다.

■ **온도조절**: 초콜릿의 온도를 조절하고, 코코아버터를 안정 후 결정화시킨다.

■ **충전**: 틀에 붓고, 진동시킨 후 기포를 제거한다.

■ **냉각**: 냉각 콘베이어에 올려 냉각시킨다.

■ **꺼냄**: 틀에서 초콜릿을 꺼낸다.

■ **검사**: 형태에 이상이 없는지 살펴본다.

■ **포장**: 은박지나 라벨로 포장하여 볼 케이스에 담는다.

■ **숙성**: 품질을 안정시키기 위해 온도, 습도를 조정한 창고 안에서 일정기간 숙성시킨다.

3) 초콜릿의 종류

다크 초콜릿

다크 초콜릿(dark chocolate)은 순수한 쓴맛의 카카

오매스에 설탕과 카카오버터, 레시틴, 바닐라향 등을 섞어 만든 초콜릿이다. 고체 형태로 최초로 선보인 블랙 초콜릿은 밀크 초콜릿의 등장으로 밀리게 되어 세계 소비시장에서 두 번째를 차지하고 있다. 고급 블랙 초콜릿의 경우 최소한 43% 이상의 카카오를 배합하게 되어 있다.

밀크 초콜릿

밀크 초콜릿(milk chocolate)은 블랙 초콜릿에 비해 카카오 함유량이 적으며, 카카오가 15~25% 정도의 우유와 결합했을 때 생기는 부드러움이 특징적이다. 다크 초콜릿의 구성 성분에 분유를 더한 것으로, 가장 부드러운 맛의 초콜릿이다. 유백색이므로 색이 밝아질수록 분유의 함량이 많다고 볼 수 있다. 7~17% 정도의 카카오버터가 함유되어 있으며 부드럽고 풍부한 맛을 강하게 하려면 카카오버터의 함량을 높인다.

화이트 초콜릿

화이트 초콜릿(white chocolate)은 카카오버터에 설탕, 분유, 레시틴, 바닐라향을 넣어 만든 백색의 초콜릿이다.

4) 템퍼링 공정

템퍼링이란 초콜릿을 중탕하여 45℃가 될 때까지는 녹인 후, 교반하여 27~28℃까지 냉각시킨 것을 다시 중탕하여, 작업하기에 가장 좋은 32℃가 되도록 하는 것을 말한다.

초콜릿을 그냥 녹이기만 해서 굳히면 결정(분자의 정렬)이 제각각이 되어 식감이나 광택이 나쁜 것은 물론, 블룸 현상이 일어나기도 한다.

템퍼링에 의해 초콜릿 입자는 미세하고 안정한 결정(β형)이 되어 광택이 있고 매끄러운 상태가 된다.

5) 보관

완성된 초콜릿은 온도 15~21℃, 상대 습도 50% 이하에서 보관하는 것이 좋으며, 유통 중 블룸 현상을 최소로 줄여야 상품성이 있다.

15 견과와 과실류

1) 견과

견과류는 통째로 사용하거나 가루로 만들어 빵·과자 등에 사용하며, 아몬드(almond), 개암(hazelnut), 코코넛(coconut), 피칸(pecan nut), 잣(pine nut), 호두(walnut), 피스타치오(pistachio) 등 여러 가지 종류가 있다.

아몬드

제과에서 가장 기본적이고 폭넓게 사용하는 견과 중 하나이다. 통아몬드, 슬라이스 아몬드, 아몬드파우더 등 여러 형태로 가공되어 쿠키, 초콜릿, 과자, 아이스크림 등을 만들 때 다양하게 사용된다.

머캐더미어넛

지방이 75% 가량 함유되어 있어 식감이 좋고 제과용으로 사용할 때는 주로 통째로 사용하며, 밀크 초콜릿으로 감싼 머캐더미어넛 초콜릿이 유명하다.

헤이즐넛

아시아, 유럽, 북아메리카에 널리 분포하며, 주산지는 터키, 에스파냐, 이탈리아 등 지중해 연안 지역이다. 지방이 60% 이상이며, 향긋한 맛과 향이 있다.

코코넛

열대 야자나무의 열매로, 주산지는 태국, 필리핀, 인도네시아이다. 다량의 지방과 단백질, 무기질을 함유하고 있다.

피칸넛

원산지는 미국 미시시피강 유역이며 성분은 지방 70%, 단백질 12%로 호두와 비슷하지만 호두보다 더 달고 고소하며 영양가가 높다. 각종 과자와 식용유의 원료가 된다.

잣

소나무과에 속하는 교목의 열매로, 우리나라를 비롯해 일본, 중국, 시베리아에서 생산된다. 칼로리가 높고, 특히 비타민 B군, 철분이 많이 들어 있다.

호두

주산지는 미국, 프랑스, 인도, 이탈리아 등이다. 양질의 단백질과 지방이 많아 칼로리가 높다.

땅콩

땅콩은 아몬드 대신 이용할 수 있는 견과이지만, 견과류 가운데 가장 산화되기 쉬우므로 보관에 주의해야 한다.

2) 과실류

과실류는 주로 장식용과 디저트에 이용한다. 과실류는 사과·배와 같은 인과류, 서양앵두·복숭아·살구 등과 같은 핵과류, 포도·감·무화과 같은 액과류, 딸기·라즈베리·블루베리 등과 같은 소과류 등으로 분류된다.

16 혼성주

증류주에 과실, 과즙, 약초, 향초 등을 배합하고, 설탕 같은 감미료와 착색료를 더해 만든 술이다. 제과용이나 칵테일용으로 널리 이용되고 있다.

1) 제과에서의 기능

제과용 리큐어(liqueur)는 인공 향보다는 천연의 향이 많이 함유되어 있으며 이러한 리큐어를 제과에 이용하면, 계절에 관계없이 천연의 과일향을 맛 볼 수 있으며, 알코올 성분은 제품의 풍미를 좋게 하고 일부 세균의 번식을 억제하여 제품의 보존성이 향상되는 이점이 있다.

2) 제과용 리큐르의 종류

키르슈

키르슈(kirsch, cherry brandy)는 잘 익은 체리의 과즙을 발효, 증류시켜 당을 첨가하여 만든 리큐어이다.

그랑 마니에르

그랑 마니에르(grand manier)는 최고급 증류주에 오렌지향을 넣은 리큐어이다.

쿠앵트로

쿠앵트로(cointreau)는 오렌지 술로서 증류주에 오렌지 잎과 꽃의 추출물을 배합하여 만든 리큐어이다.

깔루아

깔루아(khalua)는 커피의 풍미에 바닐라향을 배합하여 만든 리큐어이다.

트리플 세크

트리플 세크(triple sec)는 가장 많이 알려진 리큐어로 화이트 오렌지와 오렌지 큐리소를 혼합·증류하여 만든 리큐어이다.

럼

제과용으로 널리 사용되는 럼(rum)은 사바랭, 과일 케이크, 시럽 등에 가장 흔히 사용되는 리큐어이며 당밀을 발효시켜 증류한 것으로 향이 강하고 열에 안정한 성질을 가지고 있다.

브랜디

브랜디(brandy)는 와인을 증류한 것으로, 포도 브랜디(grape brandy), 사과 브랜디(apple brandy), 체리 브랜디(cherry brandy) 등이 있다.

17 향료와 향신료

1) 향료

향료는 성분에 따라 합성향료와 천연향료로 구분하며 가공방법에 따라 수용성, 지용성, 유화, 가루향료로 나눌 수 있다. 후각신경을 자극하여 특유의 방향(芳香)을 느끼게 함으로써 식욕을 증진시키는 첨가물이다. 이러한 향료를 사용하는 목적은 제품에 독특한 개성을 주는 데 있으며 향과 맛이 잘 조화되도록 해야 한다. 향료 사용 시 주의점은, 대체로 향료가 휘발성이므로 냉각시킨 뒤 첨가하여 사용하고, 식품에 맞는 종류를 선택해야 한다.

성분에 따른 분류

- **천연향료**: 풀, 나무, 과실, 잎, 나무껍질, 뿌리, 줄기 등에서 추출한 향료이다.
- **합성향료**: 천연향료와 유지제품을 합성한 것이다.

가공방법에 따른 분류

- **알코올성 향료**: 에센스이며 에틸알코올에 향 물질을 용해시킨 향료이다. 열에 의한 휘발성이 크므로, 굽는 제품에는 사용하지 않는다. 아이싱과 충전물 제조에 사용하면 좋다.
- **비알코올성 향료**: 식물성유에 향 물질을 용해시킨 향료이다. 굽는 과정에서 향이 날아가지 않는다.
- **유화향료(乳化香料)**: 유화제를 사용하여 향 물질을 물속에 분산 유화시킨 것으로 내열성이 있고 물에도 잘 섞여 취급이 편리하다.
- **분말향료**: 진한 수지액과 물의 혼합물에 향 물질을 넣고 용해한 후 분무, 건조시킨 것으로 가루상태로

제과제빵기능사 이론 및 실기

는 향이 약해 느껴지지 않으나 입속이나 물에서는 강한 향을 낸다.

2) 향신료

향신료는 음식의 향을 돋우는 식재료들로, 주로 식물의 꿀이나 씨, 줄기, 열매, 껍질, 뿌리, 잎 등에서 추출하여 원액 또는 가루로 사용하기도 하고, 그 자체를 사용하기도 한다.

바닐라

덩굴성 난초과 식물인 바닐라(vanilla)의 콩깍지(바닐라빈)를 완숙 전에 따서 발효시키면 짙은 갈색으로 변하면서 표면에 바닐린 결정이 생기고 바닐라 특유의 향을 낸다.

계피

계피(cinnamon)는 녹나무과의 상록수 껍질을 벗겨 만든 향신료이다.

넛메그

육두구과 교목의 열매를 건조시킨 것으로, 한 개의 종자에서 두 종류의 향신료, 즉 넛메그(nutmeg)와 메이스(mace)를 얻는다.

정향

정향나무의 꽃봉오리를 따서 말린 것으로 클로브(clove)라고도 한다.

올스파이스

빵·케이크에 가장 많이 쓰이는 향신료로서 올스파이스(allspice)나무의 열매를 채 익기 전에 따서 말린 것으로, 자메이카 후추라고도 한다. 그 향이 계피, 넛메그, 정향 등을 합한 것과 비슷하다 하여 올스파이스란 이름이 붙었다.

CHAPTER 2

제과·제빵 기기와 도구

1 제과·제빵 기기

1) 제과·제빵 기계류

믹서

믹서는 여러 가지 재료를 균일하게 혼합시키고 반죽에 공기를 함유시키는 기능을 하며, 주로 제빵용 반죽에서는 글루텐을 발전시키고, 제과용 반죽에서는 공기를 포함시키는 역할을 한다. 일반적으로 글루텐을 많이 형성하지 않아야 좋은 빵이 되며, 반죽에는 저속 회전이 중심인 스파이럴 믹서(spiral mixer)가 적합하다. 강한 믹싱이 필요한 반죽에는 다목적용인 버티컬 믹서(vertical mixer)가 적합하다 (그림 2-1, 2-2).

■ 수직믹서: 주로 케이크 반죽을 만들 때 많이 사용하며 소량의 빵 반죽을 만들 경우에도 사용한다. 반죽상태를 수시로 점검할 수 있는 장점이 있다.

그림 2-1 스파이럴 믹서   그림 2-2 버티컬 믹서

그림 2-3 도우 컨디셔너 · · · 그림 2-4 자동분할기 · · · 그림 2-5 발효기

■ 수평믹서: 다량의 빵 반죽을 만들 때 사용한다.

■ 스파이럴 믹서: 나선형 훅(hook)이 내장되어 있어 된 반죽이나 글루텐 형성 능력이 다소 적은 밀가루로 빵을 만들 경우에 적합하다.

믹서에 딸린 부속품으로는 다음과 같은 것들이 있으며, 용도에 맞게 선택하여 사용한다.

■ 믹싱 볼(mixing bowl): 반죽을 하기 위해 재료들을 넣는 스테인리스 볼로 여러 가지 크기가 있으며, 일반적으로 사용하는 믹싱 볼로는 30cm를 많이 사용하고, 규모에 따라 더 큰 것을 사용한다.

■ 훅(hook): 덩어리 반죽을 만들 때 사용하는 믹싱 도구로 주로 빵 반죽 시 사용한다.

■ 비터(beater): 버터, 쇼트닝, 마가린 등 유지를 잘게 부수어 크림을 만들 때 사용한다.

■ 휘퍼(whipper): 거품기 모양으로 되어 있으며, 제과 반죽에서 공기를 함유시켜 거품을 내는 용도로 사용한다.

도우 컨디셔너

냉동 및 냉장 반죽이 개발되면서 −2~3℃ 부근에서 40℃ 정도까지의 온도 범위에서 발효를 관리할 수 있는 도우 컨디셔너(dough conditioner)는 냉동, 냉장, 해동, 2차 발효를 프로그래밍에 의해 자동적으로 조절할 수 있게 하여 계획생산을 할 수 있으며, 필요한 시간에 빵을 구워낼 수 있다(그림 2-3).

자동분할기

1차 발효가 끝난 반죽을 정해진 용량의 반죽 크기로 자동적으로 분할하는 기계이다(그림 2-4).

발효기

믹싱이 끝난 반죽을 발효시키거나 정형된 반죽을 최종 발효시키는 데 사용하며 온도와 습도를 조절하여 실온에서 40℃ 정도까지의 온도 범위에서 반죽의 발효를 관리하는 발효기가 많이 사용된다(그림 2-5).

그림 2-6 파이롤러

그림 2-7 데크 오븐

그림 2-8 로터리 래크 오븐

그림 2-9 터널 오븐

그림 2-10 슬라이서

파이롤러

롤러의 간격을 점차 좁게 조절하여 반죽을 얇게 밀어 펴는 기계이다. 균일한 두께로 밀어 펼 수 있다. 도넛이나 데니시 페이스트리 등의 제조에 유용하게 사용된다(그림 2-6).

오븐

- **일반 오븐**: '데크 오븐(deck oven)'이라 하여 가장 많이 사용하고 있으며 반죽을 넣는 입구와 제품을 꺼내는 출구가 같고, 윗불과 아랫불을 따로 조절할 수 있다(그림 2-7).
- **로터리 래크 오븐**: 구울 팬을 래크의 선반에 끼워 래크와 함께 오븐에 넣어 굽는다. 굽기가 시작되면 래크가 시계방향으로 회전을 하면서 굽기 때문에 열 전달이 고르게 되며, 동시에 많은 양을 구울 수 있다(그림 2-8).
- **터널 오븐**: 들어가는 입구와 나오는 출구가 서로 다른 오븐이다. 터널을 통과하는 동안 온도가 다른 몇 개의 구역을 지나면서 굽기가 완료된다. 빵틀의 크기에 제한받지 않고, 윗불과 아랫불의 조절이 쉽다. 대량 생산하는 공장에서 많이 사용한다(그림 2-9).

슬라이서

빵을 일정한 두께로 자르는 데 사용한다(그림 2-10).

그림 2-11 튀김기

그림 2-12 작업대

그림 2-13 랙

그림 2-14 재료보관통

튀김기

도넛, 크로켓 등 튀김제품을 튀기는 기계로, 자동온도조절장치가 달려 있다(그림 2-11).

2) 제과·제빵 설비류

작업대

작업대(working table)는 반죽을 밀어 펴거나 분할 또는 성형 등의 작업을 하는 곳이다. 작업대 윗면이 스테인리스, 나무, 플라스틱, 대리석 등 종류가 다양하다. 보통 제빵용으로는 목제가 적합하며, 제과용으로는 대리석으로 된 마블 테이블이 쓰인다(그림 2-12).

랙

팬닝이 끝난 평철판을 랙에 끼워 다음 작업 공간으로 쉽게 이동시킬 수 있도록 하며, 작업대 위의 공간을 확보하여줌으로써 다음 작업이 용이하도록 하고, 굽기가 끝난 제품을 랙(rack)에 끼워 냉각시킬 때에 사용한다(그림 2-13).

재료보관통

재료보관통(ingredient storage box)은 밀가루, 설탕 등의 건조재료를 보관하는 통이다(그림 2-14).

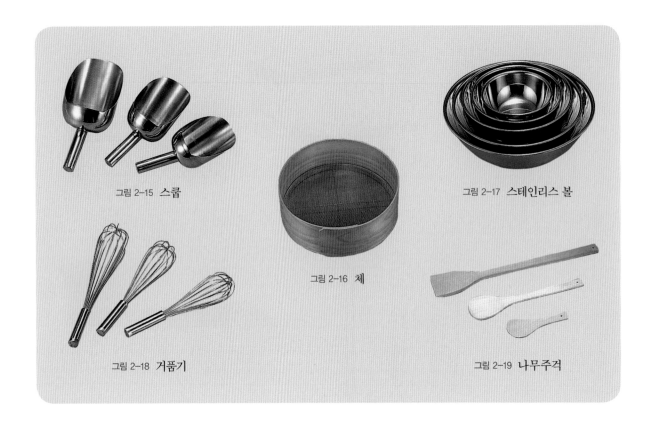

그림 2-15 스쿱

그림 2-16 체

그림 2-17 스테인리스 볼

그림 2-18 거품기

그림 2-19 나무주걱

2 제과·제빵 도구

1) 제과·제빵 소도구

스쿱

스쿱(scoop)은 밀가루나 설탕 등 가루제품을 손쉽게 퍼내기 위한 도구이며 손잡이가 달려 있으며, 스테인리스나 플라스틱 제품이 있다(그림 2-15).

체

체(sieve)는 밀가루 등 가루 제품의 이물질을 제거하고 가루재료에 공기가 함유되어 빵이 부푸는 것을 도와준다. 스테인리스나 플라스틱으로 된 작은 체는 분당 등을 제품 표면에 가루재료를 고르게 뿌릴 때에 사용한다(그림 2-16).

스테인리스 볼

스테인리스 볼(stainless steel bowl)은 스테인리스 제품이며, 재료를 계량하거나 달걀의 기포를 올리거나 여러 재료들을 혼합할 때 용기로 사용하며 다양한 크기가 있다(그림 2-17).

거품기

거품기(whipper)는 달걀흰자를 휘저어 머랭을 만들거나 노른자를 풀 때, 단단한 유지를 부드럽게 할 때 사용한다(그림 2-18).

주걱류

■ **나무주걱(wooden spatula)**: 여러 재료를 섞거나 볶을 때, 또는 저을 때 사용한다. 재질이 나무이고

그림 2-20 고무주걱   그림 2-21 플라스틱 주걱   그림 2-22 알뜰주걱   그림 2-23 스크레이퍼

그림 2-24 플라스틱 스크레이퍼   그림 2-25 밀대   그림 2-26 스파이크 롤러

끝이 둥글기 때문에 볼이나 냄비가 긁히지 않는다 (그림 2-19).

- **고무주걱(rubber spatula):** 믹싱 볼이나 비터, 거품기 등에 붙어 있는 반죽을 긁어내거나 반죽 윗면을 평평하게 고를 때, 반죽을 짤주머니로 옮길 때 사용한다(그림 2-20).
- **플라스틱 주걱(plastic spatula):** 끝이 딱딱하여 반죽의 윗면을 평평하게 고를 때 적합하다(그림 2-21).
- **알뜰주걱:** 고무주걱보다 더 얇고 끝이 둥글게 되어 있어, 반죽을 남김없이 긁어내는 용도에 적합하다 (그림 2-22).

스크레이퍼

스크레이퍼(scraper)는 반죽을 적당한 크기로 분할하거나 반죽 윗면을 평평하게 고를 때 사용하며, 스테인리스 제품과 플라스틱 제품이 있다. 특히 플라스틱 제품은 볼에 묻은 반죽을 긁어내거나 코팅된 평철판이나 각종 팬에 눌러 붙은 것을 제거할 때에 유용하게 사용할 수 있다(그림 2-23, 2-24).

밀대

밀대(rolling pin)는 반죽을 밀어 펼 때, 평철판에 구운 스펀지케이크를 말아서 롤 케이크를 만들 때 사용한다. 나무로 만들어져 있으며 길이, 지름이 다양하다(그림 2-25).

스파이크 롤러

스파이크 롤러(spike roller)는 가시가 박힌 듯한 롤러로서, 비스킷이나 밀어 편 퍼프 페이스트리 도우 등에 골고루 구멍 낼 때 사용하는 기구이다(그림 2-26).

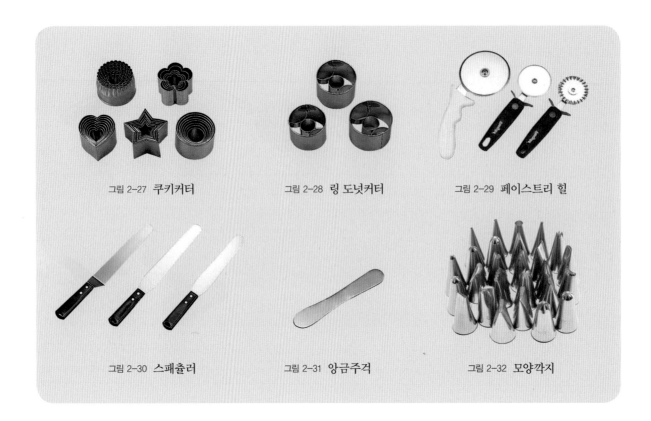

그림 2-27 쿠키커터   그림 2-28 링 도넛커터   그림 2-29 페이스트리 휠

그림 2-30 스패츌러   그림 2-31 앙금주걱   그림 2-32 모양깍지

정형기

밀어 편 반죽을 일정한 모양으로 찍어내어 정형하는 것으로서, 도넛커터, 쿠키커터 등 용도에 따라 여러 가지 모양이 있다(그림 2-27, 2-28).

페이스트리 휠

페이스트리 휠(pastry wheel)은 페이스트리 도우를 자르거나 모양을 낼 때 사용하는 기구이다(그림 2-29).

스패츌러

스패츌러(spatula, palette knife)는 일자형과 L자형

두 종류가 있으며, 케이크에 잼이나 크림을 바르거나 아이싱할 때 사용한다(그림 2-30).

앙금주걱

앙금주걱(sediment spatula)은 빵 반죽 속에 앙금이나 크림 등을 충전할 때 사용한다(그림 2-31).

모양깍지

모양깍지(piping tubes)는 여러 가지 모양으로 된 깍지(노즐)로서 짤주머니에 끼워 장식할 때 사용하는 기구이다(그림 2-32).

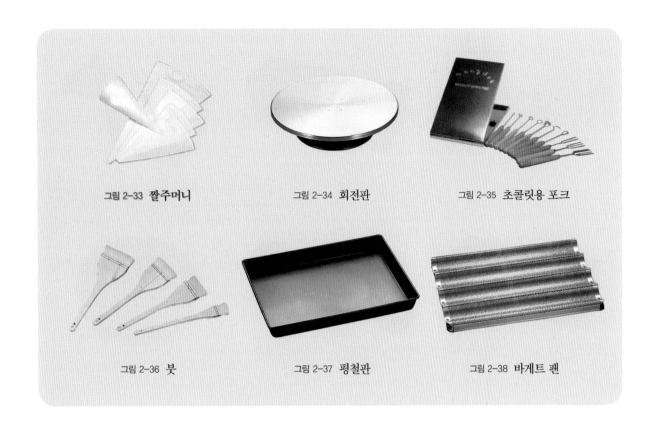

그림 2-33 짤주머니   그림 2-34 회전판   그림 2-35 초콜릿용 포크

그림 2-36 붓   그림 2-37 평철판   그림 2-38 바게트 팬

짤주머니

짤주머니(pastry bag, icing bag)는 사용할 모양 깍지를 짤주머니에 끼워 크림이나 반죽을 짤 때 사용한다(그림 2-33).

회전판

회전판(turn table)은 케이크를 아이싱을 할 때 회전시키면서 사용한다(그림 2-34).

초콜릿용 포크

초콜릿용 포크(chocolate fork)는 초콜릿을 입히거나 코코아 가루를 묻힐 때, 혹은 금속 망 위에 굴려서 초콜릿 과자를 만들 때 사용한다(그림 2-35).

붓

붓(pastry brush)은 정형한 반죽의 덧가루를 털어 내거나 구워진 제품 표면에 달걀물을 칠할 때, 사용할 팬에 기름칠을 할 때 사용한다(그림 2-36).

평철판류

- **평철판(sheet pan)**: 평평한 철판으로 옆면의 높이가 여러 가지가 있으며, 제품에 따라 적합한 것을 선택한다(그림 2-37).
- **바게트 팬(baguette pan)**: 프랑스빵을 구울 수 있도록 빵 모양의 오목한 홈 파인 팬이다(그림 2-38).

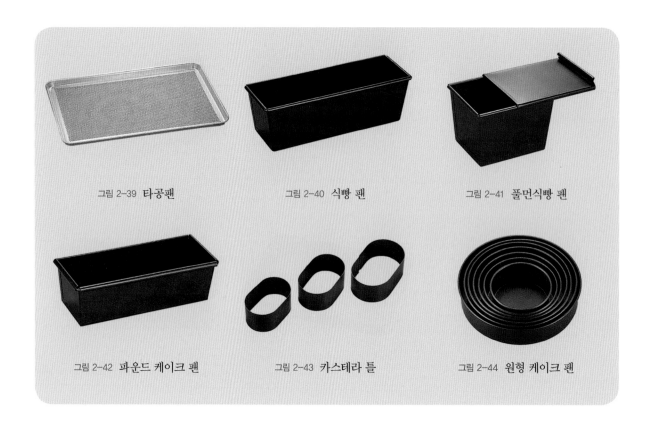

그림 2-39 **타공팬**   그림 2-40 **식빵 팬**   그림 2-41 **풀먼식빵 팬**

그림 2-42 **파운드 케이크 팬**   그림 2-43 **카스테라 틀**   그림 2-44 **원형 케이크 팬**

■ **타공팬**(perforated pan): 알루미늄으로 되어 있으며, 전체적으로 작은 구멍이 나 있어 오븐에서 꺼낸 뜨거운 제품을 올려놓고 냉각시키는 데 적합하다(그림 2-39).

기타 팬류

■ **식빵 팬**(white bread pan): 직사각형 모양의 틀로 위쪽보다 아래쪽이 약간 좁다(그림 2-40).

■ **풀먼식빵 팬**(pullman bread pan): 샌드위치용 식빵을 만들 때 사용하는 뚜껑이 있는 직사각형의 식빵 틀로, 크기에 따라 대, 중, 소가 있다(그림 2-41).

■ **파운드 케이크 팬**(pound cake pan): 파운드 케이크를 만들 때 사용하는 직사각형 모양의 틀로서, 크기에 따라 여러 가지가 있다(그림 2-42).

■ **카스테라 틀**(castella mold): 카스테라를 만들 때 사용하는 틀이다(그림 2-43).

원형 팬류

■ **원형 케이크 팬**(round cake pan): 원형 케이크를 만들때 쓰는 팬이다(그림 2-44).

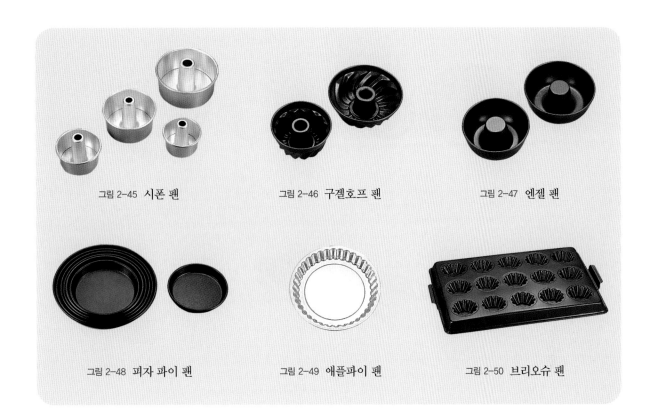

그림 2-45 시폰 팬   그림 2-46 구겔호프 팬   그림 2-47 엔젤 팬

그림 2-48 피자 파이 팬   그림 2-49 애플파이 팬   그림 2-50 브리오슈 팬

- 시폰 팬(chiffon pan): 가운데에 원형 기둥이 있는 원통형 팬이다(그림 2-45).
- 구겔호프 팬(gugelhopf pan): 가운데에 원형 기둥이 있는 원통형 팬이며, 나선형의 굴곡이 나있어 완제품 겉면에 나선형의 모양이 나타나게 된다(그림 2-46).
- 엔젤 팬(angel pan): 가운데에 원형 기둥이 있는 원통형 팬이며, 완성된 제품의 옆면과 윗면은 둥근 곡선이 된다(그림 2-47).

- 피자 파이 팬(pizza pie pan): 원형의 얇은 팬으로서 피자 파이를 구울 때에 사용한다(그림 2-48).
- 애플파이 팬(apple pie pan): 깊이가 약간 있고 옆면이 비스듬하게 되어 있으며, 여러 가지 크기가 있다(그림 2-49).
- 브리오슈 팬(brioche pan): 브리오슈를 만들기 위한 팬으로서 옆면이 비스듬하며 파형 무늬가 있는 소형 원형 팬이다(그림 2-50).

그림 2-51 **타르트 팬**　　　　그림 2-52 **무스틀**

그림 2-53 **케이크 분할기**　　그림 2-54 **빵 칼**　　그림 2-55 **부등비저울**

- **타르트 팬(tart pan)**: 파트 슈크레나 파트 브리제 등의 반죽을 밀어 펴서 구울 때 사용하는 얇은 팬 이며, 팬 옆면에 파형 무늬가 있으며, 여러 가지 크 기가 있다(그림 2-51).
- **푸딩 팬(pudding pan)**: 커스터드 푸딩을 만들 때 사용하는 컵 모양의 팬으로서 여러 크기가 있다.
- **무스틀(cercle)**: 무스 크림을 충전하여 굳힐 때 사 용하는 틀로서, 원형, 타원형, 직사각형, 정사각형, 육각형 등 다양한 모양이 있다(그림 2-52).

케이크 분할기
케이크 분할기(cake devider)는 금속 및 플라스틱으 로 만든 원형으로 된 기구로써 같은 크기로 자르기

위한 도구이다. 8등분, 10등분, 12등분용이 있다(그림 2-53).

카스테라 칼
칼날이 민자로 된 긴 칼로 카스테라 등을 자를 때 사용한다.

빵 칼
빵 칼(bread knife)은 일반 칼과는 다르게 칼날이 톱 니 모양으로 되어 있어 식빵 등을 부스러지지 않게 자를 수 있다(그림 2-54).

그림 2-56 전자저울　　　그림 2-57 계량컵　　　그림 2-58 제빵용 온도계　　　그림 2-59 튀김 온도계

2) 계량기 및 온도계류

저울

저울(weighing scale)의 종류에는 부등비저울과 전자저울이 있다.

- **부등비저울**: 일반적으로 무거운 재료를 잴 때에는 추를 사용한 부등비저울을 사용하게 되는데, 2kg, 1kg, 500g, 100g 등의 추를 적절히 사용하여 무게를 잰다(그림 2-55).
- **전자저울(디지털저울)**: 소량을 재거나, 소금이나 이스트 푸드, 제빵 개량제 등 그램(g) 단위로 미량을 잴 때에는 전자저울이 편리하다(그림 2-56).

계량컵

계량컵(measuring cup)은 액체를 부피로 계량할 때 사용하는 것으로서, 액체의 비중에 따라 다르지만,

물은 기본적으로 1mL가 1g이므로 부피로 계량하면 작업이 간편해지는 이점이 있다(그림 2-57).

온도계

- **제빵용 온도계**: 제품의 종류에 따라서 반죽온도를 맞추는 것이 중요하므로 반죽온도를 잴 때에는 온도계(thermometer)의 끝에 손이 닿지 않도록 해야 하며, 반죽 깊숙이 온도계가 들어갈 수 있도록 한다(그림 2-58).
- **튀김 온도계**: 튀김 기름의 온도를 측정할 때 사용하는 온도계이다(그림 2-59).

CHAPTER 3

제과이론

과자는 곡류가루에 다양한 감미료를 섞어 만든 것으로, 주식 이외에 먹는 기호식품을 말하며 이스트 사용 여부, 설탕 배합량의 정도, 밀가루의 종류, 반죽상태 등으로 빵과 구분된다. 또한 같은 과자라 해도 팽창 형태, 가공 형태, 익히는 방법, 지역적 특성, 수분 함량 등에 따라 다양한 분류가 가능하다.

1 과자의 분류

1) 팽창 형태에 따른 분류

화학적 팽창

베이킹파우더나 식소다 같은 화학팽창제에 의존하여 부풀린 제품으로 레이어 케이크, 케이크 도넛, 케이크 머핀, 팬케이크, 과일케이크, 파운드 케이크 등이 있다.

물리적 팽창(공기 팽창)

믹싱 중에 함유된 공기에 의한 팽창으로 반죽을 휘저어 거품을 만들면서 공기를 집어넣어 부풀린 제품으로 스펀지케이크, 엔젤 푸드 케이크, 시폰케이크, 머랭, 거품형 반죽 쿠키 등이 있다.

유지 팽창

밀가루 반죽에 유지를 넣어, 밀어 펴기를 하여 굽는 동안 유지층 사이를 증기압으로 부풀린 제품을 말하며 대표적인 제품으로 퍼프 페이스트리 등이 있다.

무팽창

반죽 자체에 아무런 팽창 작용을 주지 않고 수증기 압의 영향을 받아 조금 부풀린 제품을 말하며 파이 껍질, 쿠키 등이 있다.

복합형 팽창

두 가지 이상의 팽창 형태를 병용해서 팽창시키는 방법으로 이스트 팽창+화학 팽창, 이스트 팽창+공기 팽창, 화학 팽창+공기 팽창 등의 방법이 있다.

2) 가공 형태에 따른 분류

케이크류

- **양과자류**: 반죽형, 거품형, 시폰형의 서구식 과자 등이 여기에 속한다.
- **생과자류**: 수분 함량이 높은 과자류로, 화과자의 상당수가 여기에 속한다.
- **페이스트리류**: 퍼프 페이스트리, 각종 파이 등이 있다.

데커레이션 케이크

기본 케이크에 여러 가지 장식을 하여 맛과 시각적 효과를 높인 케이크로 먹을 수 있는 재료를 사용한다.

공예과자

미적 효과를 살린 과자, 먹을 수 없는 재료의 사용이 가능하다.

초콜릿 과자

초콜릿을 이용한 제품과 샌드나 코팅을 한 제품이다.

3) 익히는 방법에 따른 분류

- **구움과자**: 오븐에 넣은 구운 과자
- **튀김과자**: 도넛과 같이 기름에 튀긴 과자
- **찜과자**: 스팀으로 쪄서 만드는 제품
- **냉과**: 냉장고나 냉동고에 넣어 굳히거나 젤라틴을 이용하여 굳힌 제품

4) 수분 함량에 따른 분류

- **생과자**: 일반적으로 수분 함량이 30% 이상인 과자
- **건과자**: 일반적으로 수분 함량이 5% 이하인 과자

5) 지역적 특성에 따른 분류

- 한과
- 양과
- 화과자
- 중화과자

2 제과법

제과법은 반죽을 만드는 방법에 따라 반죽형 반죽, 거품형 반죽, 시폰형 반죽이 있다.

1) 반죽형 반죽

밀가루, 유지, 설탕, 달걀을 주재료로 하며 많은 양의 유지를 사용하고 화학 팽창제를 이용해 부풀린 반죽이다. 레이어 케이크류, 파운드 케이크, 머핀 케이크, 과일케이크, 마들렌, 바움쿠헨 등이 반죽형 반죽 제품이다.

크림법

- **방법**: 유지와 설탕을 혼합하여 크림 상태로 만들면서 달걀을 2~3회에 나누어 넣고 크림 상태로 만든 다음 밀가루 등의 건조재료와 물을 넣고 가볍게 혼합하는 방법을 크림법(creaming method)이라 한다.
- **장점**: 부피가 큰 제품을 만들기에 적합하다.

블렌딩법

- **방법**: 밀가루와 유지를 먼저 혼합하여 밀가루입자가 유지에 코팅되도록 한 후, 건조재료(설탕, 탈지분유, 소금 등)와 달걀을 넣고 믹싱한 다음 물을 넣고 혼합하는 방법을 블렌딩법(blending method)이라 한다.
- **장점**: 밀가루 입자가 유지와 먼저 결합하여 글루텐이 만들어지지 않으므로 유연성을 우선으로 하는 제품을 만들기에 적합하다.

1단계법

- **방법**: 모든 재료를 한꺼번에 넣고 믹싱하는 방법으로 가루가 덩어리지는 것을 방지하기 위하여 고속의 믹싱이 필요하므로 기계의 성능이 좋아야 한다. 믹싱 중 기포성을 좋게 하기 위하여 유화제를 사용하며 반죽의 팽창을 위하여 베이킹파우더를 사용한다.
- **장점**: 노동력과 시간이 절약된다.

설탕–물법

- **방법**: 설탕과 물의 비율을 1:2로 하여 설탕을 녹여 설탕용액을 만들고, 나머지 물과 건조 재료를 넣고 달걀을 넣어 반죽을 마무리한다.

- **장점**: 설탕을 물에 녹여 사용하므로 당분이 반죽 전체에 고르게 분포되어 껍질색이 균일하다.

2) 거품형 반죽

달걀의 기포성과 응고성을 이용해 부풀린 반죽으로 달걀의 흰자만을 사용하는 머랭 반죽과 전란을 사용해 다른 재료와 섞는 스펀지 반죽이 있다.

공립법

흰자와 노른자를 분리하지 않고 전란에 설탕을 넣어 함께 거품 내는 방법으로, 더운 방법과 찬 방법이 있다.

- **더운 방법**(hot sponge method): 달걀과 설탕을 넣고 중탕하여 37~43℃까지 데운 후 거품 내는 방법이다. 주로 고율배합에 사용되며, 기포성이 양호하고 설탕의 용해도가 좋아 껍질색이 균일하게 된다.
- **찬 방법**(cold sponge method): 중탕하지 않고, 달걀과 설탕을 거품 내는 방법이다. 저율배합에 적합한 방법이다.

별립법

달걀을 노른자와 흰자를 분리하여 각각 설탕을 넣고 따로 거품을 내어 제조하는 방법으로, 기포가 단단해서 짤주머니로 짜서 굽는 제품에 적합한 방법이다.

단 단계법

모든 재료를 동시에 넣고 거품 내는 방법으로, 가루가 덩어리지는 것을 방지하기 위하여 고속의 믹싱이 필요하므로 기계의 성능이 좋아야 한다. 기포성을 높이기 위하여 기포제 또는 기포 유화제를 사용한다.

3) 시폰형 반죽

별립법처럼 흰자와 노른자를 나누어 사용하지만 노른자는 거품 내지 않고 다른 재료와 혼합하여 반죽형 반죽을 만들어 흰자와 설탕으로 거품 낸 머랭 반죽과 혼합하여 만드는 반죽이다. 거품형의 제품 조직을 가지면서도 반죽형 제품의 부드러움을 가지고 있으며, 시폰케이크가 대표적인 제품이다.

③ 제조 공정

기본 제조 공정

반죽법 결정 ▶ 배합표 작성 ▶ 재료 계량 ▶ 반죽 만들기 ▶ 정형·팬닝 ▶ 굽기 또는 튀기기 ▶ 포장

1) 반죽법 결정

생산하려는 제품의 성격에 맞게 팽창 방법을 결정한다.

2) 배합표 작성

각각의 제품 특성에 맞게 배합 재료의 양과 질을 고려하여 배합표를 작성한다. 과자 반죽의 특성은 고형 물질과 수분의 균형이 어떠한가로 결정된다.

3) 재료 계량

작성된 배합표대로 재료의 무게를 정확히 계량한다.

4) 반죽 만들기

반죽온도 조절

반죽온도가 높으면 기공이 조밀해 부피가 작고 식감이 나쁜 제품을 만드는 원인이 되고, 반대로 반죽온도가 낮으면 기공이 열리고 큰 공기구멍이 생겨 조직이 거칠고 노화가 빠른 제품을 만드는 결과를 초래하므로 반죽에 사용할 물의 온도를 조절하여 반죽온도를 적당하게 맞추어 주어야 한다.

■ 마찰계수: 반죽온도에 영향을 미치는 마찰열을 수치로 환산한 것이다.

> 마찰계수 = (결과 반죽온도 × 6) − (실내 온도 + 밀가루 온도 + 설탕 온도 + 쇼트닝 온도 + 달걀온도 + 수돗물 온도)

■ 물 온도 계산: 희망하는 반죽온도를 맞추기 위해 사용할 물의 온도를 계산한다.

> 사용할 물 온도 = (희망 반죽온도 × 6) − (실내 온도 + 밀가루 온도 + 설탕 온도 + 쇼트닝 온도 + 달걀온도 + 마찰계수)

■ 얼음 사용량: 계산된 물 온도가 수돗물 온도보다 낮을 때는 얼음을 넣어 온도를 조절한다.

$$얼음 사용량 = \frac{물 사용량 \times (수돗물 온도 - 사용할 물 온도)}{80 + 수돗물 온도}$$

비중

부피가 같은 물의 무게에 대한 반죽의 무게를 숫자로 나타낸 값을 뜻하고 그 값이 작을수록 비중이 낮음을 뜻하며, 비중이 낮으면 반죽에 공기가 많이 포함되어 있음을 의미한다. 비중이 낮을수록 제품의 기공이 커져 조직이 거칠게 되며, 높을수록 기공이 조

밀하여 무겁고 촘촘한 조직이 된다. 같은 무게의 반죽이면서 비중이 높으면 제품의 부피가 작고, 낮으면 부피가 크게 된다. 이와 같이 비중은 제품의 외부적 특성인 부피뿐 아니라, 내부 특성인 기공과 조직에도 결정적인 영향을 미치므로 반죽의 비중을 확인하는 것이 좋으며, 과자 반죽의 비중은 보통 비중 컵을 사용하여 측정한다.

$$비중 = \frac{같은\ 부피의\ 반죽\ 무게}{같은\ 부피의\ 물\ 무게}$$

5) 정형·팬닝

과자의 모양을 만드는 방법은 짜내기, 찍어내기, 접어밀기, 팬닝 등 여러 가지가 있다.

짜내기

반죽을 짤주머니에 넣어 원하는 모양으로 짜내는 방법으로 짤주머니에 끼우는 모양깍지에 따라 다양한 형태의 제품을 만들 수 있다.

찍어내기

반죽을 밀어 펴기 하여 다양한 형태의 형틀로 찍어 원하는 모양을 뜨는 방법으로 원하는 모양과 크기에 알맞은 두께로 반죽을 밀어 편 뒤 형틀을 대고 누른다.

접어밀기

밀가루 반죽에 유지를 얹어 감싼 뒤 밀어 펴고 접는 일을 반복하는 방법으로 유지층이 반죽에 일정하게 들어 갈 수 있도록 하여야 한다.

팬닝

갖은 모양을 갖춘 틀에 반죽을 채워 넣고 구워 형태를 만드는 방법으로 좋은 모양의 제품을 생산하기 위해서는 적정량의 반죽을 계산하여 팬닝하는 것이 중요하다.

$$반죽무게 = \frac{틀\ 부피}{비용적}$$

6) 굽기 또는 튀기기

굽는 온도와 시간은 배합률에 다라 달라지는데 일반적으로 반죽량이 많고 고율배합일수록 160~180℃의 낮은 온도에서 오래 구워야 한다. 굽는 온도가 너무 낮으면 조직이 부드러우나 윗면이 평평하고 수분 손실이 큰 오버 베이킹(over baking)이 나타나며, 굽는 온도가 너무 높으면 중심 부분이 갈라지고 조직이 거칠며 설익어 주저앉기 쉬운 언더 베이킹(under baking)이 나타난다. 튀기기는 튀길 때에 반죽이 기름을 너무 많이 흡수하지 않도록 튀김기름의 온도를 튀김기름의 표준온도인 180~190℃로 조절해야 한다. 온도가 낮으면 너무 많이 부풀어 껍질이 거칠고 기름이 많이 흡수된다.

CHAPTER 4

제빵이론

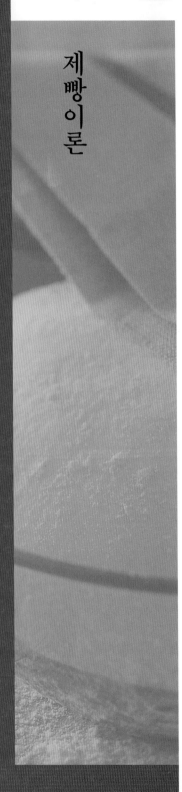

제빵이론

빵이란 밀가루에 이스트, 소금, 물 등을 더하여 반죽을 만든 후 당류, 유제품, 달걀, 향신료 등 그 밖의 부재료를 첨가하여 반죽한 뒤 발효시켜 구운 것이다.

1 빵의 분류

1) 일반적 분류

식빵류

- **식빵**: 밀가루를 주체로 한 주식으로 이용되는 빵으로 첨가하는 부재료에 따라 다양한 종류가 있다.
  - 큰 식빵류: 풀먼 브레드(사각 식빵), 원로프 브레드(산형 식빵), 바게트 이상이 되는 크기의 프랑스빵
  - 작은 식빵류: 롤, 번즈, 소형 프랑스빵(예: 하드롤)
- **호밀빵**: 호밀을 주체로 하여 만든 식빵
- **혼합형**: 밀가루와 호밀가루의 섞은 가루를 주체로 하여 만든 식빵
- **배합형**: 밀가루, 호밀가루 등을 주체로 하고 여기에 옥수수가루나 감자가루 등 곡물가루를 배합하여 만든 식빵
- **합성빵**: 밀가루 이외의 곡물가루, 즉 전분이나 대두가루 등을 주체로 하여 만든 식빵

과자빵류

- **보통 과자빵**: 충전물을 넣은 것과 충전물이 없는 것으로 구분된다.
  - 필링계: 충전물을 넣은 것(예: 앙금빵, 크림빵 등)
  - 비필링계: 충전물이 없는 것
- **스위트류 과자빵**: 유지 함량이 많고 단맛이 강한 빵으로 미국식

빵, 스위트롤, 번즈 등
- **리치류 과자빵**: 브리오슈, 크로와상, 데니시 페이스트리 등

특수빵류
- **오븐에서 구운 것**
  - 과일빵류: 건포도식빵
  - 너트 빵류
  - 건빵류
  - 각종 농수산물을 이용한 빵
  - 기타: 머핀, 스콘
- **스팀류**: 만주류
- **튀김류**: 도넛
- **팬에서 구운 것**: 팬 케이크, 와플
- **기타**: 러스크, 토스트

조리빵류
여러 가지 빵에 다양한 부식을 첨가해서 만든 빵으로 충전물에 따라 다양한 조리빵을 만들 수 있다.

2) 빵 색깔에 따른 분류
- **흰빵**: 밀가루를 사용하여 하얗게 구워낸 빵
- **갈색빵**: 밀가루와 호밀가루를 혼합하거나 단독으로 사용하여 제조한 빵
- **흑빵**: 호밀이나 흑설탕을 사용하여 제조한 빵

3) 팽창제 유무에 따른 분류
- **발효빵**: 이스트를 사용하여 발효(팽창)시켜 제조한 빵
- **무발효빵**: 이스트를 사용하지 않고 손반죽으로 제조한 빵

- **속성빵**: 화학 팽창제 사용하여 팽창시켜 제조한 빵

4) 가열 형태에 따른 분류
- **오븐에 굽는 빵**: 오븐에 틀이나 팬을 사용하여 구운 빵
- **기름에 튀기는 빵**: 기름을 사용하여 튀긴 빵(도넛류)
- **스팀에 찌는 빵**: 증기를 이용하여 찐 빵

5) 틀 사용 유무에 따른 구분
- **형틀 사용빵**: 식빵처럼 반죽을 틀에 넣어 구운 빵
- **허스 브레드(hearth bread)**: 바게트처럼 틀을 사용하지 않고 구운 빵

6) 빵의 부드러운 정도에 따른 구분
- **하드 브레드(hard bread)**: 저배합으로 딱딱하게 구운 빵(하드롤, 프랑스빵)
- **소프트 브레드(soft bread)**: 고배합으로 부드럽게 구워낸 빵(과자빵류, 스위트 롤 등)

2 제빵법

제빵법은 반죽 만드는 방법을 기준으로 분류한다. 기본적인 제빵법에는 스트레이트법, 스펀지법, 액체발효법이 있으며, 제품의 품질이나 제조환경을 개선할 목적으로 세 가지 제빵법을 조금씩 변형시킨 제빵법이 있다.

1) 스트레이트법

스트레이트법(straight dough method)은 준비한 빵 반죽의 모든 재료를 한꺼번에 믹서에 넣고 반죽하는 방법으로, 직접 반죽법이라고도 한다. 제빵법 중에서 가장 기본이 되는 제빵법이며 일반 대규모 제빵 공장보다는 소규모 제과점에서 주로 많이 사용하는 제법이다.

종류

표준 스트레이트법, 비상스트레이트법, 재반죽법, 노타임 반죽법, 후염법 등이 있다.

기본 제조 공정

배합표 작성 ▶ 재료 계량 ▶ 반죽 ▶ 1차 발효 ▶ 분할 ▶ 둥글리기 ▶ 중간발효 ▶ 정형 ▶ 팬닝 ▶ 2차 발효 ▶ 굽기 ▶ 냉각 ▶ 포장

일반적 제조 공정

- **재료 계량**: 작성한 배합표대로 재료의 무게를 정확히 계량하며, 생이스트는 소금과 설탕에 닿지 않도록 계량을 하고, 가루재료는 서로 섞어 체질을 한다. 또한 사용할 물은 반죽온도에 맞도록 조절을 한다.
- **반죽**: 반죽온도가 27℃가 되도록 하며, 반죽상태가 부드럽고 윤기가 나는 상태가 되도록 한다.
- **1차 발효**: 온도 27℃, 상대습도 75~80%인 발효실에서 1~3시간 발효시킨다.
- **분할**: 1차 발효가 완료된 반죽을 반죽 통에서 꺼내어 원하는 만큼 저울을 사용해 정확히 나눈다.
- **둥글리기**: 분할된 반죽을 표면이 매끄럽게 둥글리기를 하면서 발효 중 생성된 큰 기포를 제거한다.

- **중간발효**: 상대습도 75%, 온도 28~29℃가 되는 조건에서 15~20분 정도 중간발효한다.
- **정형**: 중간발효가 완료된 반죽을 틀에 넣기 전에 모양을 내거나 충전물을 넣는다.
- **팬닝**: 정형한 반죽의 마무리 부분이 밑으로 향하도록 틀에 넣는다.
- **2차 발효**: 온도 35~43℃, 상대습도 85~90%인 발효실에서 발효시킨다.
- **굽기**: 반죽 크기, 배합재료, 제품 종류에 따라 오븐 온도를 조절하여 굽는다.
- **냉각**: 갓 구워낸 빵의 온도를 35~40℃로 식힌다.
- **포장**

스트레이트법의 장단점(스펀지법과 비교)

- **장점**
  - 제조 공정이 간단하다.
  - 발효시간이 짧아 발효 손실이 적다.
  - 반죽 내구력이 좋다.
  - 시간, 설비, 노동력을 줄일 수 있다.
- **단점**
  - 잘못된 공정의 수정이 어렵다.
  - 발효 내구성이 약하다
  - 제품의 부피가 작고, 제품의 결이 고르지 못하다.
  - 노화가 빠르다.

2) 스펀지법

스펀지법(sponge dough method)은 중종반죽법이라고도 하며, 반죽을 두 번 행하는 방법으로 밀가루(전부 또는 일부), 물, 이스트, 이스트 푸드를 섞어 2시간 이상 발효시킨 후, 이것을 나머지 재료와 섞어 반죽한다. 처음 반죽은 스펀지(sponge)라 하고 나중 반

죽은 도우(dough, 본 반죽)라고 부른다. 발효 공정상 다른 제법보다 실패율이 적어 일반 소규모 제과점보다는 대규모 제빵 공장에서 사용되는 제법이다.

종류
- **발효시간 기준**: 장시간 스펀지법(8시간), 표준 스펀지법(4시간), 단시간 스펀지법(2시간), 오버나이트 스펀지법(12~24시간)
- **스펀지에 첨가하는 밀가루양 기준**: 70% 스펀지법(표준), 100% 스펀지법
- **스펀지에 첨가하는 설탕량 기준**: 무가당 스펀지법(표준), 가당 스펀지법(보통 3~5% 첨가)
- **스펀지 발효실 온도 기준**: 상온 스펀지법(표준), 저온 스펀지법(냉장)

기본 제조 공정

배합표 작성 ▶ 재료 계량 ▶ 스펀지 만들기 ▶ 스펀지발효 ▶ 본 반죽 만들기 ▶ 플로어타임 ▶ 분할 ▶ 둥글리기 ▶ 중간발효 ▶ 정형·팬닝 ▶ 2차 발효 ▶ 굽기 ▶ 냉각 ▶ 포장

- **재료 계량**: 배합표대로 재료의 무게를 달고, 스펀지용 재료와 본 반죽용 재료를 구분해 둔다.
- **스펀지 만들기**: 반죽온도 24℃를 표준으로 하여, 저속으로 4~6분 정도 믹싱한다.
- **스펀지 발효**: 온도 27℃, 상대습도 75~80%인 발효실에서 3~5시간 발효시킨다. 이때 스펀지의 온도가 5~5.5℃ 올라간다.
- **본 반죽 만들기**: 스펀지와 본 반죽용 재료를 섞어 반죽온도 27℃를 표준으로 하여, 반죽이 부드러우면서 잘 늘어나고 약간 처지는 상태가 될 때까지 8~12분 정도 믹싱한다.

- **플로어 타임**: 반죽 시 파괴된 글루텐 층을 다시 재결합시키는 시간을 말하며, 반죽시간이 길어질수록 플로어 타임도 길어지고, 스펀지에 사용한 밀가루양이 많을수록 플로어 타임은 짧아진다.
- **분할**
- **둥글리기**
- **중간발효**: 발효시간 10~15분
- **정형·팬닝**
- **2차 발효**: 온도 35~43℃, 상대습도 85~90%인 발효실에서 발효시킨다.
- **굽기**
- **냉각**
- **포장**

스펀지법의 장단점
- **장점**
  - 작업에 융통성을 발휘할 수 있다.
  - 발효 내구성이 강하다
  - 비교적 제품의 부피가 크고 속결이 부드럽다.
  - 노화가 지연된다.
- **단점**
  - 장시간이 소요되고 설비, 노동력이 많이 든다.
  - 발효 손실이 크다.

3) 액체 발효법
스펀지법을 변형시킨 발효법으로, 스펀지 대신 액체 발효종인 액종을 이용한 제빵법이며, 이스트, 설탕, 소금, 이스트 푸드, 맥아에 물을 혼합하고 탈지분유 또는 탄산칼슘을 완충제로 넣어 pH 4.2~5.0의 액종을 만들어 일정시간이 지난 후 본 반죽을 만드는 방법이다.

기본 제조 공정

배합표 작성 ▶ 재료 계량 ▶ 액종 만들기 ▶ 본 반죽 만들기 ▶ 플로어타임 ▶ 분할 ▶ 둥글리기 ▶ 중간발효 ▶ 정형·팬닝 ▶ 2차 발효 ▶ 굽기 ▶ 냉각 ▶ 포장

- **재료 계량**: 배합표대로 재료의 무게를 정확히 달고, 액종용 재료와 본 반죽용 재료를 구분해 둔다.
- **액종 만들기**: 액종용 재료를 한데 넣어 섞고 30℃에서 2~3시간 발효시킨다.
- **본 반죽 만들기**: 액종과 본 반죽용 재료를 섞어 반죽온도 30℃를 표준으로 하여 반죽한다.
- **플로어 타임**: 발효시간은 15분이다.
- **분할**
- **둥글리기**
- **중간발효**
- **정형·팬닝**
- **2차 발효**: 온도 35~43℃, 상대습도 85~95%인 발효실에서 발효시킨다.
- **굽기**
- **냉각**
- **포장**

액체발효법의 장단점

- **장점**
  - 한 번에 많은 양을 발효시킬 수 있다.
  - 장소, 설비가 감소된다.
  - 발효 손실에 따른 생산 손실을 줄일 수 있다.
  - 균일한 제품 생산이 가능하다.
  - 발효 내구력이 약한 밀가루를 사용하는 것이 가능하다.

- **단점**
  - 산화제 사용량이 늘어난다.
  - 환원제, 연화제가 필요하다.

4) 연속식 제빵법

연속식 제빵법(continuous dough mixing system)은 액체발효법을 더욱 발전시킨 방법으로 각각의 공정이 자동화된 기계의 움직임에 따라 연속 진행되며, 단일 품목을 지속적으로 대량생산하는 대규모 공장에 알맞은 방법이다.

연속식 제빵법의 장단점

- **장점**
  - 설비 공간을 줄일 수 있다.
  - 노동력을 감소시킬 수 있다.
  - 발효 손실이 적다.
- **단점**
  - 설비 투자가 필요하여 경제적인 부담이 크다.
  - 다양한 품목을 생산하기 어렵다.

5) 비상반죽법

비상반죽법(emergency dough method)은 스트레이트법을 변형시킨 제빵법으로 기계 고장이나 계획된 작업에 차질이 생겼을 때, 갑작스러운 주문에 빠르게 대처해야 할 때, 표준 반죽법을 따르면서 반죽시간을 늘리고 발효속도를 촉진시켜 전체 공정 시간을 줄임으로써 짧은 시간에 제품을 만들어 내는 제빵법이다. 이 방법을 사용할 경우에는 필수적인 조치사항과 선택적인 조치사항을 취해야 한다.

필수적인 조치 사항

■ 1차 발효시간을 줄인다. 비상 스트레이트법에서는 15~30분간, 비상스펀지법에서는 30분간 발효한다.
■ 반죽시간을 늘린다. 반죽의 신장성을 향상시켜 발효를 촉진시키기 위해 보통 때보다 20~25% 반죽시간을 늘린다.
■ 이스트 사용량을 2배로 늘리면 발효속도가 촉진된다.
■ 반죽온도를 30~31℃로 높인다.
■ 물 사용량을 1% 줄이면 작업성을 향상된다.
■ 설탕 사용량을 1% 줄이면 껍질색을 조절할 수 있다.

선택적인 조치 사항

■ 소금 사용량을 1.75%까지 줄인다.
■ 분유를 1% 정도 줄여 사용한다.
■ 이스트 푸드의 사용량을 늘린다.
■ 식초나 젖산을 0.25~0.75% 사용한다.

비상반죽법의 장단점

■ 장점
 • 제조시간이 짧아 노동력과 임금이 절약된다.
 • 비상시에 빠르게 대처할 수 있다.
■ 단점
 • 노화가 빠르다(저장성이 짧다).
 • 제품의 품질이 고르지 못하다.
 • 제품에 이스트 냄새가 나기 쉽다.

6) 재반죽법

재반죽법(remixed straight dough method)은 스트레이트법의 한 변형으로서, 스펀지법의 장점을 받아들이면서 스펀지법보다 짧은 시간에 공정을 마칠 수 있는 방법이다. 물 8~10%를 남겨 두고 모든 재료를 넣어 반죽하고 발효한 후에 믹싱 볼에서 나머지 물을 넣고 반죽하는 방법이다. 이렇게 만든 반죽은 스펀지법에서 얻을 수 있는 장점을 갖게 되어 반죽의 기계내성이 좋아진다.

재반죽법의 장점

■ 반죽의 기계내성이 양호하다.
■ 스펀지법에 비해 제조시간이 짧다.
■ 균일한 제품을 얻을 수 있다.
■ 식감과 색상이 양호하다.

7) 노타임 반죽법

노타임 반죽법(no-time dough method)은 스트레이트법을 따르면서 표준보다 긴 시간 고속으로 반죽하여 전체적인 공정시간을 줄이는 방법으로 반죽한 뒤에 잠깐 휴지시키는 일 이외에 환원제와 산화제를 사용하여 1차 발효를 생략하거나 단축하는 제빵법으로 보통 발효라 할 수 있는 공정을 거치지 않으므로 무발효 반죽법이라고도 한다.

노타임 반죽법의 장단점

■ 장점
 • 반죽의 기계내성이 좋다.
 • 반죽이 부드러우며 흡수율이 좋다.
 • 제조시간이 절약된다.
 • 빵의 속결이 고르고 치밀하다.
■ 단점
 • 제품의 질이 고르지 못하다.
 • 맛과 향이 좋지 않다.
 • 반죽의 발효내성이 떨어진다.
 • 제품에 광택이 없다.

8) 촐리우드법

촐리우드법(Chorleywood dough method)은 영국 촐리우드(Chorleywood) 지방에 위치한 빵 공업연구협회가 고안한 기계적 반죽법의 하나이다. 단 시간에 반죽하기 때문에 공정 시간이 줄어드는 장점이 있으나, 제품의 풍미가 떨어지는 단점이 있다.

9) 냉동반죽법

냉동반죽법(frozen dough method)은 1차 발효를 끝낸 반죽을 −40℃에서 급속 동결하여, −18~−25℃에 냉동 저장하여 필요할 때마다 꺼내어 쓸 수 있도록 반죽하는 방법이다. 냉동용 반죽에는 보통 반죽보다 이스트의 사용량을 2배 가량 더 늘려야 한다.

냉동반죽법의 장단점

■ 장점
- 소비자에게 신선한 제품을 제공할 수 있다.
- 빵의 부피가 커지고 결이 고와지며 향기가 좋아진다.
- 제품의 노화가 지연된다.
- 다품종, 소량 생산이 가능하다.
- 발효시간이 줄어 전체 제조 시간이 짧아진다.
- 야간, 휴일 작업에 미리 대처할 수 있다.
- 운송·배달이 용이하다.

■ 단점
- 이스트의 활력이 약해져서 가스 발생력이 떨어진다.
- 가스 보유력이 떨어진다.
- 반죽의 퍼지가 쉽다.

10) 오버나이트 스펀지법

오버나이트 스펀지법(over night sponge dough method)은 12~24시간 발효시킨 스펀지를 이용하는 방법으로, 장시간 발효 스펀지법이라고도 한다. 발효 시간이 길어 발효 손실(3~5%)이 크나 효소의 작용이 천천히 진행되어 가스가 알맞게 생성되고 반죽이 알맞게 발전되며 신장성이 아주 좋고 발효 향과 맛이 강하고, 제품의 저장성이 높아진다.

3 제조 공정

1) 제빵법 결정

제조량, 기계설비, 노동력, 판매 형태, 소비자의 기호 등에 따라 제빵법을 결정한다.

2) 배합표 작성

배합표의 단위

배합표란 빵을 만드는 데 필요한 재료의 양을 숫자로 표시한 것으로, 배합표에 표시하는 숫자의 단위는 퍼센트(%, 백분율)이며, 일반적으로 밀가루양을 100%로 보고 각 재료가 차지하는 양을 %로 표시한 베이커 백분율(B%)을 사용한다.

배합량 계산법

베이커 백분율(B%)로 표시한 배합률과 밀가루 사용량을 알면 나머지 재료의 무게를 구할 수 있다.

$$\text{각 재료의 무게(g)} = \text{밀가루 무게(g)} \times \text{각 재료의 비율(\%)}$$

$$\text{밀가루 무게(g)} = \frac{\text{밀가루 비율(\%)} \times \text{총 반죽 무게(g)}}{\text{총 배합률(\%)}}$$

$$\text{총 반죽 무게(g)} = \frac{\text{총 배합률(\%)} \times \text{밀가루 무게(g)}}{\text{밀가루 비율(\%)}}$$

3) 재료 개량

결정된 배합표에 따라 재료의 양을 정확히 계량하여 사용해야 좋은 제품을 만들 수 있다. 일반적으로 제과제빵에서 사용하는 재료는 부피로 계량하지 않고 저울을 사용하여 무게로 계량한다.

4) 원료의 전처리

- **가루재료**: 밀가루, 탈지분유 등 가루 상태의 재료는 체쳐 사용하며, 체쳐 쓰는 이유는 가루 속의 이물질이나 덩어리를 제거하며 이스트가 호흡하는 데 필요한 공기를 넣어 발효를 촉진시키고, 흡수율을 증가시키고 2가지 이상의 가루를 골고루 섞기 위함이다.
- **생이스트**: 밀가루에 잘게 부수어 넣고 혼합하여 사용하거나 물에 녹여 사용한다. 이스트는 물을 만나면 활성화되므로 이스트양의 5배의 물(온도 20~25℃)에 교반하여 즉시 사용한다.
- **이스트 푸드**: 이스트와 함께 녹이지 않고 가루재료에 혼합하여 사용한다.
- **우유**: 사용 전에 한번 가열 살균한 뒤 차게 해서 사용한다.
- **유지**: 서늘한 곳에 보관하여 사용한다.
- **물**: 반죽온도에 맞게 물의 온도를 조절한다.

5) 반죽

반죽(mixing, kneading)이란 밀가루, 이스트, 소금, 그 밖의 재료에 물을 더하여 밀가루의 글루텐을 발전시키는 일을 말하며 배합재료들을 균일하게 혼합하고 밀가루에 물을 충분히 흡수시켜(水化) 글루텐을 발전시킴으로서 반죽의 가소성, 탄력성, 점성을 최적 상태로 만든다.

반죽의 발전단계

- **1단계 혼합(pick-up stage)**: 밀가루와 그 밖의 가루재료가 물과 혼합, 수화되는 상태이며, 글루텐은 그다지 형성되어 있지 않고 반죽은 끈기가 없어 끈적거리는 상태이다.
- **2단계 클린업(clean-up stage)**: 반죽이 한 덩어리로 되어 믹싱 볼이 깨끗해지는 상태로 밀가루의 수화가 끝나고 글루텐이 조금씩 결합하기 시작한다. 이 단계에서 유지를 투입하는 것이 바람직하다.
- **3단계 발전(development stage)**: 글루텐의 결합이 급속히 진행되어 반죽의 탄력성이 최대가 되는 단계로, 반죽이 건조하고 매끈해진다.
- **4단계 최종(final stage)**: 탄력성과 신장성이 가장 우수한 단계로 반죽이 부드럽고 광택이 난다. 글루텐은 초대로 형성되어 반죽을 조금 떼어내 두 손으로 잡아당기면 찢어지지 않고 얇게 늘어난다. 이 단계가 빵 반죽에서는 최적 상태로 신장성과 탄력성이 대부분의 빵을 만들기에 가장 적합하다. 특별한 종류를 제외하고는 이 단계에서 믹싱을 완료한다.
- **5단계 늘어짐(let down stage)**: 반죽은 탄력성을 잃고 신장성이 큰 상태이며 반죽이 끈적거리기 시작한다. 이때의 반죽은 플로어 타임을 길게 잡아 반죽의 탄력성을 되살리도록 한다. 햄버거나 잉글

리시 머핀 반죽은 여기서 그친다.

- **6단계 파괴(break down stage)**: 글루텐이 파괴되어 탄력성과 신장성이 줄어들어 결합력이 없으며, 빵을 만들기에 아주 부적합하다. 이러한 반죽을 구우면 오븐 팽창이 일어나지 않아 껍질과 속결이 거친 제품이 된다.

반죽온도 조절

반죽온도는 이스트가 활동하기에 알맞은 온도인 27℃로 맞춰야 한다. 발효 관리에 중요한 요소이므로, 온도 조절이 가장 쉬운 물을 사용하여 반죽온도를 조절한다. 온도를 높이려면 따뜻한 물을 사용하고, 낮추려면 찬물 또는 얼음을 사용하여 계산된 물 온도를 맞추어 사용하여 반죽온도를 조절한다. 반죽은 반죽기로 반죽하는 동안 기계의 마찰열로 인해 온도가 오르며, 또 밀가루의 온도, 물의 온도, 작업실 온도 등에도 영향을 받는다.

- **스트레이트법에서의 반죽온도 계산**

> 마찰계수 = (반죽 결과 온도 × 3) – (밀가루 온도 + 실내 온도 + 수돗물 온도)
>
> 사용할 물 온도 = (희망 반죽온도 × 3) – (밀가루 온도 + 실내 온도 + 마찰계수)
>
> 얼음 사용량 = $\dfrac{\text{물 사용량} \times (\text{수돗물 온도} - \text{사용할 물 온도})}{80 + \text{수돗물 온도}}$

- **스펀지법에서의 반죽온도 계산**

> 마찰계수 = (반죽 결과 온도 × 4) – (밀가루 온도 + 실내 온도 + 수돗물 온도 + 스펀지 반죽온도)

> 사용할 물 온도 = (희망 반죽온도 × 4) – (밀가루 온도 + 실내 온도 + 마찰계수 + 스펀지 반죽온도)
>
> 얼음 사용량 = $\dfrac{\text{물 사용량} \times (\text{수돗물 온도} - \text{사용할 물 온도})}{80 + \text{수돗물 온도}}$

6) 1차 발효

1차 발효의 목적

1차 발효(fermentation)의 목적으로는 3가지가 있다.

- **반죽의 팽창 작용**: 이스트가 빵 반죽 속의 당을 분해하여 알코올과 탄산가스를 만들고, 이 탄산가스가 그물망 모양의 글루텐 막이 막히면서 반죽을 팽창시키는 역할을 한다.

- **빵 특유의 풍미를 생성**: 발효하는 동안 이스트의 작용과 반죽 중 공기의 일부 박테리아에 의해 알코올, 유기산, 에스텔, 알데히드 같은 방향성 물질이 생성되어 빵이 특유한 향을 가지게 된다. 발효가 잘 이루어진 반죽은 발효가 불완전한 제품에 비해 더 부드러운 제품을 만들 수 있으며, 제품의 노화도 지연시킨다.

- **반죽의 숙성**: 발효 과정 중에 생기는 산은 반죽의 산도를 높여 글루텐을 강하게 하거나 생화학적으로 반죽을 발전시켜 가스의 포집과 보유 능력을 개선시키고 신장성이 좋은 구조를 형성하여 정형할 때 취급을 용이하게 한다.

가스 발생력에 영향을 주는 요소

- **이스트의 양과 질**: 이스트양이 많으면 가스 발생력이 좋아 발효시간은 짧아지고, 이스트양이 적으면 발효시간은 길어진다. 발효시간을 조절하기 위한 이스트양의 계산방법은 다음과 같다.

$$\text{가감하고자 하는 이스트양} = \frac{\text{정상 이스트양} \times \text{정상의 발효시간}}{\text{조절하고자 하는 발효시간}}$$

- **당의 양**: 당의 양과 가스 발생력 사이의 관계는 당량 5%까지 가스 발생력이 대략 비례적으로 증가하나, 그 이상이 되면 가스 발생력이 억제되어 발효시간은 길어진다.
- **반죽온도**: 이스트가 활동하기에 가장 알맞은 온도는 24~28℃ 사이이고, 10℃부터 활동하기 시작하여 35℃까지 온도가 오름에 따라 더욱 활성이 증가되며, 그 이상의 온도가 되면 활성이 약해지기 시작하여 온도가 60~65℃에서 이스트의 활성이 정지하게 된다. 반죽온도가 높을수록 가스 발생력은 커지고 발효시간은 짧아진다.
- **반죽의 산도**: 발효 과정 중에 생기는 산은 반죽의 산도를 높여 글루텐을 강하게 하거나 생화학적으로 반죽을 발전시켜 가스의 포집과 보유 능력을 개선시키고, 반죽의 산성이 높을수록 가스 발생력이 커진다. 이스트가 활동하기에 가장 좋은 산도의 범위는 pH 4.5~5.5로 최적의 pH는 4.7이고, pH4 이하로 내려가면 오히려 가스 발생력이 약해진다.
- **소금의 양**: 소금의 양이 많아지면 효소의 작용을 억제하기 때문에 가스 발생력이 줄어든다.

발효 관리

발효하는 동안에 이스트의 가스 발생력과 반죽의 가스 보유력이 평형을 이루어야 발효가 잘되었다고 할 수 있다. 가스 생산이 많아도 가스 보유력이 적으면 많은 양의 가스가 손실되어 반죽을 알맞게 팽창시킬 수가 없다. 따라서 발효 관리의 목적은 가스 생산력과 가스 보유력이 평행하게 같은 속도로 일어나게

함으로써 제품의 부피, 속결, 조직 상태, 껍질색 등이 원하는 대로 나오게 하는 데 있다.

- **1차 발효 관리**
  - 발효시간: 1~3시간(반죽의 부피가 처음의 3~4배 정도 되었을 때)
- **발효실 조건**
  - 스트레이트법: 온도 26~28℃(표준온도 27℃), 상대습도 75~80%
  - 스펀지법: 온도 23~26℃(표준온도 24℃), 상대습도 75~80%
- **가스빼기(punch)**: 반죽온도를 균일하게 해주어 균일한 발효를 유도하고, 탄산가스를 빼내고 새로운 산소공급으로 이스트를 활성화해 반죽의 산화·숙성 정도를 키우기 위하여 발효하기 시작하여 반죽의 부피가 2.5~3.5배, 전체 발효시간의 2/3인 60% 정도가 되었을 때 반죽에 압력을 주어 가스를 뺀다.

7) 분할

1차 발효를 끝낸 반죽을 생산하려는 제품의 크기에 맞게 무게를 나누는 일을 말하며, 반죽은 분할(dividing)을 진행하는 동안에도 계속하여 발효 과정이 진행되어 처음 분할한 반죽과 나중에 분할한 반죽에 숙성도 차이가 생기므로, 가능한 빠른 시간 내에 신속하게 분할하는 것이 좋다.

8) 둥글리기

둥글리기(rounding)란 분할한 반죽을 손 또는 기계(라운더, rounder)를 이용하여 뭉쳐 둥글리는 것이다. 분할하는 동안 흐트러진 글루텐의 구조와 방향을 재정돈해주고 가스를 균일하게 분산하여 반죽의 기공

을 고르게 조절하며, 자른 면의 점착성을 감소시키고 표피를 형성하여 중간발효 중에 발생하는 가스를 보유할 수 있는 반죽 구조를 만들어 준다.

9) 중간발효

둥글리기가 끝난 반죽을 정형하기 전에 짧은 시간 동안 발효시키는 것을 말하며 일반적으로 온도 27~29℃, 습도 75% 전후에서 10~20분 동안 중간발효 (intermediate proofing)한다.

중간발효의 목적은 다음과 같다.
- 분할, 둥글리기를 하는 과정에서 손상된 글루텐 구조와 방향을 재정돈한다.
- 가스를 발생시켜 반죽의 유연성을 회복시킨다.
- 정형 과정에서의 반죽 신장성을 증가시켜 정형과정을 용이하게 한다.
- 반죽 표면에 얇은 막을 형성하여 정형할 때 끈적거리지 않게 한다.

10) 정형

정형(molding)은 중간발효를 끝낸 반죽을 생산하려는 제품의 모양에 맞게 만드는 작업이다.

11) 팬닝

팬닝(panning)은 정형이 완료된 반죽을 생산하려는 제품의 모양에 맞는 틀에 채우거나 철판에 나열하는 일로 반죽의 적정 분할량은 틀의 용적을 비용적으로 나눈값으로 계산한다.

> 반죽의 적정 분할량 = 틀의 용적 ÷ 비용적
>
> ※ 비용적: 단위 질량을 가진 물체가 차지하는 부피를 말하며, 단위는 ㎤/g이다.

12) 2차 발효

2차 발효는 정형 공정을 거치면서 긴장된 반죽을 적당한 풍미와 부피를 가진 빵으로 굽기 위해 신장성을 다시 회복시키는 과정으로 정형한 반죽을 40℃ 전후의 고온다습한 발효실에 넣고 최종 숙성시켜 제품 부피의 70~80%까지 부풀리는 일을 말한다. 2차 발효의 3대 요소는 온도, 습도, 시간이며 일반적으로 온도 30~45℃(보통 38℃), 습도 70~90%(보통 85%)에서 2차 발효하는 것이 일반적이다.

제품에 따른 2차 발효 조건은 다음과 같다.
- **식빵류·과자빵류**: 온도 38~40℃, 상대습도 85%
- **하스 브레드**: 온도 32℃, 상대습도 75%
- **도넛**: 온도 32℃, 상대습도 65~70%
- **데니시 페이스트리**: 온도 27~32℃, 상대습도 75~80%
- **크루아상, 브리오슈**: 온도27℃, 상대습도 70~75%

13) 굽기

굽기(baking)는 반죽에 뜨거운 열을 주어 단백질과 전분의 열변성으로 소화하기 쉬우며, 맛과 향이 있는 제품으로 바꾸는 일이다.

굽기 과정에서 일어나는 현상
- **오븐 팽창, 오븐 스프링(oven spring)**: 2차 발효가 완료된 반죽을 오븐에 넣어 굽기 시작하여 반죽온도가 49℃에 달하면 반죽이 짧은 시간 동안 급격하게 부풀어 처음 크기의 1/3 정도 부피가 팽창되는데, 이를 오븐 팽창(오븐 스프링)이라고 한다.
- **오븐 라이즈(oven rise)**: 반죽의 내부 온도가 60℃에 이를 때까지 여전히 이스트가 활동하여 반죽 속에 가스가 만들어지므로 반죽의 부피가 조금씩 커진다.

- **전분의 호화**: 오븐 열에 의해 반죽온도가 54℃ 이상이 되면 이스트가 사멸하기 시작하면서 전분의 호화현상이 시작한다.
- **글루텐의 응고**: 단백질은 반죽온도 74℃에서 응고하기 시작하여 굽기 마지막 단계까지 천천히 이루어진다. 빵 속의 온도가 60~70℃에 이르면 열변성을 일으켜 단백질의 물이 전분으로 이동하면서 빵의 구조를 형성하게 된다.
- **효소의 활동**: 전분이 호화하기 시작하면서 효소가 활동한다.
- **껍질색의 형성**: 캐러멜화 반응과 메일라드 반응에 의해 제품의 껍질색이 먹음직스러운 갈색을 낸다.
- **향의 생성**: 향은 사용재료, 이스트에 의한 화학적 변화, 열반응 산물 등이며, 주로 껍질 부분에서 생성되어 빵 속으로 침투되고 흡수에 의해 보유된다.

굽기 손실

굽기 손실은 반죽상태에서 빵의 상태로 구워지는 동안 무게가 줄어드는 현상으로 발효 산물 중 휘발성 물질이 휘발해서 수분이 증발한 탓에 생긴다. 굽기 손실에 영향을 미치는 요인은 굽는 온도, 굽는 시간, 제품의 크기에 따라 다르다.

굽기 손실 = DW(반죽 무게) − BW(빵 무게)

※ DW: dough weight(반죽 무게), BW: bread weight(빵 무게)

$$굽기 손실의 비율(\%) = \frac{DW(반죽 무게) - BW(빵 무게) \times 100}{DW(반죽무게)}$$

※ DW: dough weight(반죽 무게), BW: bread weight(빵 무게)

14) 냉각

바로 구워낸 빵은 껍질에 12%, 빵 속에 45%의 수분을 함유하고 있는데, 이를 냉각시키면 빵 속 수분이 바깥쪽으로 옮겨가 고른 수분 분포를 나타내게 된다. 냉각(cooling)은 빵 속의 온도를 35~40℃, 수분 함량을 38%로 낮추는 것이다. 냉각하는 동안 수분 증발로 인해 평균 2%의 무게 감소 현상이 일어난다.

15) 포장

유통 과정에서 제품의 가치와 상태를 보호하기 위해 그에 알맞은 재료 용기에 담는 일을 포장(packing)이라 하며, 빵은 실온상태에서 3~4시간 동안 35~40℃로 냉각시켜 포장하는 것이 좋다. 높은 온도의 제품을 포장할 경우 수분응축으로 인한 곰팡이 발생이 쉽고 너무 낮은 온도에서의 포장은 노화를 가속 시킨다.

포장의 목적

- 수분의 증발을 방지하여 제품의 노화를 지연시킨다.
- 빵이 미생물에 오염되지 않도록 한다.
- 상품으로서의 가치를 높인다.

포장 재료가 갖추어야 할 조건

- 방수성이 있고 통기성이 없어야 한다.
- 제품의 상품가치를 높일 수 있어야 한다.
- 비용이 경제적이어야 한다.
- 제품이 변형되지 않도록 건고해야 한다.
- 포장기계 사용에 적용할 수 있어야 한다.
- 유해물질이 함유되지 않고 위생적이어야 한다.

4 빵의 노화

1) 빵의 노화

노화란 빵의 껍질과 속결에서 일어나는 물리·화학적 변화로 빵이 딱딱해지고 맛, 촉감, 향이 좋지 않게 되는 현상이다. 빵 속의 수분은 껍질로 이동하고, 공기 중의 수분이 껍질에 흡수되어 껍질은 부드러우나 빵 속은 건조하게 된다. 이러한 노화의 원인은 전체 수분의 증발, 부위별 수분의 이동과 같이 물과 관계가 있으며, 이와는 별도로 전분 자체가 퇴화하여 베타-전분으로 변하는 데 그 원인이 있다.

노화는 시간과 온도, 그리고 재료의 배합에 영향을 받는다.

시간

빵은 오븐에서 꺼낸 직후부터 노화 현상이 시작된다.

온도

냉장 온도에서 노화 속도가 가장 빠르게 진행되며, −18℃ 이하에서는 노화가 지연되므로 급속 냉동고에 보관하면 장기간 저장할 수 있고, 43℃ 이상에서는 노화 속도가 느려지지만, 미생물에 의한 변질의 우려가 있으므로 실온에서 보관하는 것이 좋다.

배합

제품의 수분 함량이 38% 이상이 되면 노화가 지연되고 밀가루 단백질의 양과 질이 많고 좋을수록 노화가 지연되며, 수분 보유력을 높이는 계면활성제의 첨가는 노화 속도를 지연시킨다.

CHAPTER 5
제과실기

찹쌀
도넛

**Glutinous Rice
Doughnut**

: 반죽—1단계법

요구사항

■ **찹쌀도넛을 제조하여 제출하시오.**

1. 배합표의 각 재료를 계량하여 재료별로 진열하시오(8분).

2. 반죽은 1단계법, 익반죽으로 제조하시오.

3. 반죽 1개의 분할무게는 40g, 팥앙금 무게는 30g으로 제조하시오.

4. 반죽은 전량을 사용하여 성형하시오.

5. 기름에 튀겨낸 뒤 설탕을 묻히시오.

배합표

1. 찹쌀 반죽

구분	재료	비율(%)	무게(g)
1	찹쌀가루	85	510
2	중력분	15	90
3	설탕	15	90
4	소금	1	6
5	베이킹파우더	2	12
6	베이킹소다	0.5	3
7	쇼트닝	6	36
8	물	22~26	132~156
합계		146.5~149.5	879~897

2. 앙금

구분	재료	비율(%)	무게(g)
1	통팥앙금	110	660
2	설탕	20	120
합계		130	780

수험자 유의사항

1. 시험시간은 재료계량시간이 포함된 시간이다.

2. 안전사고가 없도록 유의한다.

3. 의문 사항이 있으면 감독위원에게 문의하고, 감독위원의 지시에
   따른다.

4. 다음과 같은 경우에는 채점 대상에서 제외된다.

   ① 시험시간 내에 작품을 제출하지 못한 경우

   ② 시험시간 내에 제출된 작품이라도 다음과 같은 경우

· 작품의 가치가 없을 정도로 타거나 익지 않은 경우

· 요구사항을 준수하지 않았을 경우

· 지급된 재료 이외의 재료를 사용한 경우

③ 시험 중 시설·장비의 조작 또는 재료의 취급이 미숙하여 위
   해를 일으킬 것으로 감독위원 전원이 합의하여 판단한 경우

④ 항목별 배점: 제조 공정 60점, 제품평가 40점

제조 공정

1. 재료 계량

재료를 담을 용기의 무게를 측정하여 기록하고, 전 재료를 제한시간 내에 손실과 오차 없이 정확히 계량하여 재료별로 진열한다. ❶

🖐 제한시간 내에 재료 손실이 없이 전 재료를 정확하게 계량하면 만점, 시간을 초과하면 0점 처리한다.

2. 전처리

가루재료를 가볍게 혼합하여 30cm 정도의 높이에서 체질하여 재료를 골고루 분산시키고, 재료에 공기를 혼입시키며, 이물질을 제거한다.

3. 반죽

① 모든 재료를 넣고 익반죽을 한다.

② 반죽온도는 35℃로 맞춘 후 손으로 반죽을 치대준다.

③ 반죽을 잘라 길고 둥글게 밀어준다.

4. 성형

① 분할: 양손가락의 엄지와 검지를 이용하여 40g을 분할한다. ❷

② 둥글리기: 반죽 표면이 매끄럽고 모양이 일정하게 신속히 작업한다.

　🖐 둥글리기를 하여 비닐을 덮어놓는다(이때 앙금도 30g을 분할하여 둥그렇게 만들어 놓는다).

③ 정형

- 반죽에 앙금 분할한 30g을 충전한다.

- 헤라를 이용하여 돌려가면서 충전한다. ❸

- 아랫부분을 잘 마무리한다.

  (이때 헤라를 잡고 한다.)

④ 휴지: 비닐을 덮어 실온에서 휴지를 시킨다.

5. 튀기기

① 튀김 온도: 180~190℃

② 180℃ 온도가 올라가면 불을 끈다.

③ 반죽을 하나씩 넣는다. ❹

   (이때 나무주걱으로 저어주어 서로 붙지 않게 한다.)

④ 반죽이 떠오르면 불을 켠다. ❺

⑤ 체반 아래쪽을 이용하여 골고루 색이 나도록 돌려준다. ❻

⑥ 갈색이 나면 체반우로 건져 기름을 털어낸다.

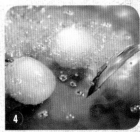

6. 마무리

식은 후 설탕을 골고루 묻혀준다.

1. 성형하기 전과 튀기기 전에는 수축을 방지하기 위해서 충분히 휴지를 시킨다.
2. 튀김온도는 180~190℃가 적당하며 튀김온도는 너무 낮으면 기름을 많이 흡수하고, 너무 높으면 속이 익지 않는다.
3. 불을 끄고 반죽을 넣은 다음 떠오르면 불을 켜서 튀긴다.
4. 충분히 냉각시킨 후 설탕을 묻힌다.

🔵 제품 평가표

제조 공정						제품 평가		
순서	세부항목	배점	순서	세부항목	배점	순서	세부항목	배점
1	계량시간	2	9	분할법	4	17	부피	8
2	재료손실	2	10	정형상태	6	18	외부균형	8
3	정확도	2	11	튀김관리	4	19	껍질	8
4	믹싱법	7	12	체반사용법	6	20	내상	8
5	반죽상태	9	13	튀김상태	2	21	맛과 향	8
6	반죽온도	4	14	설탕 묻히기	2			
7	중간휴지	3	15	정리정돈 및 청소	2			
8	반죽 뭉치기	3	16	개인위생	2			

데블스
푸드
케이크

Devil's Food Cake

: 반죽형 반죽—블렌딩법

요구사항

■데블스 푸드 케이크를 제조하여 제출하시오.

1. 배합표의 각 재료를 계량하여 재료별로 진열하시오(11분).
2. 반죽은 블렌딩법으로 제조하시오.
3. 반죽온도는 23℃를 표준으로 하시오.
4. 반죽의 비중을 측정하시오.
5. 제시한 팬에 알맞도록 분할하시오.
6. 반죽은 전량을 사용하여 성형하시오.

배합표

구분	재료	비율(%)	무게(g)
1	박력분	100	600
2	설탕	110	660
3	쇼트닝	50	300
4	달걀	55	330
5	탈지분유	11.5	69
6	물	103.5	621
7	코코아	20	120
8	베이킹파우더	3	18
9	유화제	3	18
10	바닐라향	0.5	3
11	소금	2	12
합계		458.5	2751

수험자 유의사항

1. 시험시간은 재료계량시간이 포함된 시간이다.
2. 안전사고가 없도록 유의한다.
3. 의문 사항이 있으면 감독위원에게 문의하고, 감독위원의 지시에
   따른다.
4. 다음과 같은 경우에는 채점 대상에서 제외된다.
   ① 시험시간 내에 작품을 제출하지 못한 경우
   ② 시험시간 내에 제출된 작품이라도 다음과 같은 경우

· 작품의 가치가 없을 정도로 타거나 익지 않은 경우
· 요구사항을 준수하지 않았을 경우
· 지급된 재료 이외의 재료를 사용한 경우
③ 시험 중 시설·장비의 조작 또는 재료의 취급이 미숙하여 위
   해를 일으킬 것으로 감독위원 전원이 합의하여 판단한 경우
④ 항목별 배점: 제조 공정 60점, 제품평가 40점

제조 공정

1. 재료 계량

재료를 담을 용기의 무게를 측정하여 기록하고, 전 재료를 제한시간 내에 손실과 오차 없이 정확히 계량하여 재료별로 진열한다.

▶ 제한시간 내에 재료 손실이 없이 전 재료를 정확하게 계량하면 만점, 시간을 초과하면 0점 처리한다.

2. 전처리

① 박력분을 제외한 가루재료(베이킹파우더, 탈지분유, 코코아, 바닐라향)를 가볍게 혼합하여 30cm 정도의 높이에서 체질하여 재료를 골고루 분산시키고, 재료에 공기를 혼입시키며, 이물질을 제거한다.

② 박력분을 별도로 체질하여 재료를 골고루 분산시키고, 재료에 공기를 혼입시키며, 이물질을 제거한다.

3. 반죽

① 쇼트닝을 믹싱 볼에 넣고 거품기나 비터를 이용하여 부드럽게 풀어준다. ❶

② 쇼트닝이 부드럽게 풀어지면 박력분을 믹싱 볼에 넣고 바슬바슬한 상태가 되도록 저속으로 믹싱한다. ❷, ❸

▶ 너무 오래 혼합하면 뭉쳐져서 좋지 않다.

③ 체질해 놓은 가루재료와 설탕, 소금, 유화제를 넣고 혼합한다. ❹, ❺

④ 물(1/2)을 넣고 저속으로 혼합하면서 전체 재료를 잘 섞이게 한다. ❻

⑤ 달걀을 조금씩 넣어가며(3~4회) 부드러운 크림 상태로 만든다. ❼

⑥ 충분히 크림화가 되어 가면 물 1/2을 조금씩 투입하여 믹싱한다. ❽

▶ 반죽의 비중이 올라가지 않게 짧은 시간에 믹싱하여 반죽을 만든다.

⑦ 반죽온도: 23℃, 비중: 0.80±0.05

📕 반죽의 비중 측정법

비중 컵을 이용하여 같은 용적의 반죽 중량과 물의 중량을 측정하여, 반죽 중량을 물의 중량으로 나누면 비중이 된다.

반죽의 비중 = 같은 용적의 반죽중량 ÷ 같은 용적의 물 중량

제과제빵기능사 이론 및 실기

4. 팬닝

원형 팬의 안쪽에 기름종이를 옆면과 밑면에 깔고, 반죽을 팬 부피의 50~60% 정도 팬닝(panning)하고, 고무주걱으로 윗면을 평평하게 고르면서 큰 기포를 없애준다. ❾

🔖 팬의 옆면에 두르는 기름종이는 팬의 높이보다 조금 더 올라오게 하며, 팬닝 후 오븐에 넣기 전에 중간을 약간 오목하게 해 주면 유지가 가운데로 모이는 것을 어느 정도 방지할 수 있다.

5. 굽기

① 오븐 온도: 윗불 180℃, 밑불 160℃

② 시간: 30~40분

③ 윗면에 색이 나면 윗불을 160℃로 줄여주며, 위치에 따라 온도 차이가 있을 수 있으므로 일정시간 경과 후 팬의 위치를 바꾸어 주어 전체 제품의 색깔이 균일하게 되도록 한다.

🔖 반죽색이 진하기 때문에 오븐에서 굽는 동안 껍질색만 보고 익은 정도를 판단하면 언더 베이킹이 되기 쉬우므로 가운데 부분을 손으로 눌러보아 손자국이 생기지 않고 탄력이 약간 느껴질 때까지 굽는다.

🧤 1. 블렌딩법은 비터(beater)를 사용하는 것이 원칙이나 시험장에서는 거품기로도 사용한다.
　 2. 쇼트닝에 박력분을 피복하여 만든다.
　 3. 반죽에 덩어리가 생기지 않도록 고무주걱으로 옆면과 바닥면을 긁어준다(스크래핑).
　 4. 코코아의 색 때문에 오븐에서 판단하기 어려우므로 이쑤시개로 찔러보아 반죽이 묻어 나오지 않으면 다 익은 상태이다.

⏱ 제품 평가표

제조 공정						제품 평가		
순서	세부항목	배점	순서	세부항목	배점	순서	세부항목	배점
1	계량시간	2	8	팬 준비	5	14	부피	8
2	재료손실	2	9	팬에 넣기	6	15	외부균형	8
3	정확도	2	10	굽기 관리	6	16	껍질	8
4	믹싱법	7	11	구운 상태	8	17	내상	8
5	반죽상태	8	12	정리정돈 및 청소	2	18	맛과 향	8
6	반죽온도	5	13	개인위생	2			
7	비중	5						

멥쌀
스펀지
케이크

**Nonglutinous Rice
Sponge Cake**

: 거품형 반죽–공립법

요구사항

■ 멥쌀 스펀지케이크(공립법)를 제조하여 제출하시오.

1. 배합표의 각 재료를 계량하여 재료별로 진열하시오(6분).

2. 반죽은 공립법으로 제조하시오.

3. 반죽온도는 25℃를 표준으로 하시오.

4. 반죽의 비중을 측정하시오.

5. 제시한 팬이 3호팬(21cm)이면 420g을, 2호(18cm)팬이면 300g을 분할하시오.

6. 반죽은 전량을 사용하여 성형하시오.

배합표

구분	재료	비율(%)	무게(g)
1	멥쌀가루	100	500
2	설탕	110	550
3	달걀	160	800
4	소금	0.8	4
5	바닐라향	0.4	2
6	베이킹파우더	0.4	2
합계		3171.6	1858

수험자 유의사항

1. 시험시간은 재료 계량시간이 포함된 시간이다.

2. 안전사고가 없도록 유의한다.

3. 의문 사항이 있으면 감독위원에게 문의하고, 감독위원의 지시에 따른다.

4. 다음과 같은 경우에는 채점 대상에서 제외된다.

　① 시험시간 내에 작품을 제출하지 못한 경우

　② 시험시간 내에 제출된 작품이라도 다음과 같은 경우

　　・ 작품의 가치가 없을 정도로 타거나 익지 않은 경우

　　・ 요구사항을 준수하지 않았을 경우

　　・ 지급된 재료 이외의 재료를 사용한 경우

　③ 시험 중 시설·장비의 조작 또는 재료의 취급이 미숙하여 위해를 일으킬 것으로 감독위원
　　전원이 합의하여 판단한 경우

　④ 항목별 배점: 제조 공정 60점, 제품평가 40점

제조 공정

1. 재료 계량

재료를 담을 용기의 무게를 측정하여 기록하고, 전 재료를 제한시간 내에 손실과 오차 없이 정확히 계량하여 재료별로 진열한다. ❶

🖐 제한시간 내에 재료 손실이 없이 전 재료를 정확하게 계량하면 만점, 시간을 초과하면 0점 처리한다.

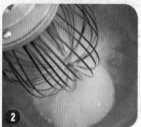

2. 반죽

① 믹싱 볼에 달걀을 넣고 풀어준 다음 설탕, 소금을 넣고 저속으로 믹싱하여 설탕이 어느 정도 용해되면 중속 또는 고속으로 믹싱한다. ❷, ❸

🖐 겨울과 같이 실내온도가 낮은 경우는 달걀에 설탕과 소금을 넣어 중탕(37~43℃) 상태에서 믹싱하는 것이 좋다.

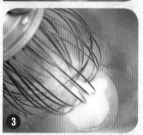

② 믹싱의 완료 시점은 휘퍼자국이 보이며 손으로 반죽을 긁을 때 자국이 남을 정도이다. ❹

③ 전처리한 가루재료를 넣고 나무주걱이나 손으로 가볍게 섞는다. ❺

④ 반죽온도: 25℃, 비중: 0.5±0.05

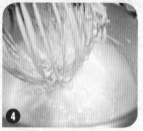

3. 팬닝

감독위원의 지시에 따라 반죽을 3호팬(21cm)은 420g, 2호팬(18cm)은 300g을 팬 닝한다(고무주걱으로 윗면을 평평하게 한 후 작업대에 내려쳐 펀칭을 하여 기포를 제거한다). ❻, ❼

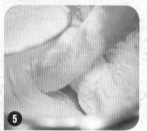

4. 굽기

① 오븐 온도: 윗불 180℃, 밑불 160℃

② 시간: 30~35분

③ 오븐의 위치에 따라 온도 차이가 있으므로 일정시간이 경과 후 팬의 위치를 바꾸어 제품의 색깔이 일정하게 유지되도록 한다.

1. 달걀에 설탕과 소금을 넣어 중탕할 때 43℃로 믹싱한다.
2. 체친 가루재료(멥쌀가루, 바닐라향, 베이킹파우더)를 넣었을 때 반죽 윗면에 떠 있으면 반죽 상태가 좋은 상태이다.
3. 용해 버터(40℃)를 넣을 때 빠르게 혼합하여 비중이 높아지는 것을 방지한다.
4. 오븐에 넣기 전에 작업대에 펀칭을 주어서 일정한 기포를 형성시킨다.

🎯 제품 평가표

제조 공정						제품 평가		
순서	세부항목	배점	순서	세부항목	배점	순서	세부항목	배점
1	계량시간	2	8	팬 준비	5	14	부피	8
2	재료손실	2	9	팬에 넣기	6	15	외부균형	8
3	정확도	2	10	굽기 관리	5	16	껍질	8
4	믹싱법	7	11	구운 상태	8	17	내상	8
5	반죽상태	9	12	정리정돈 및 청소	2	18	맛과 향	8
6	반죽온도	5	13	개인위생	2			
7	비중	3						

옐로
레이어
케이크

Yellow Layer Cake

: 반죽형 반죽–크림법

요구사항

■ 옐로 레이어 케이크를 제조하여 제출하시오.

1. 배합표의 각 재료를 계량하여 재료별로 진열하시오(10분).
2. 반죽은 크림법으로 제조하시오.
3. 반죽온도는 23℃를 표준으로 하시오.
4. 반죽의 비중을 측정하시오.
5. 제시한 팬에 알맞도록 분할하시오.
6. 반죽은 전량을 사용하여 성형하시오.

배합표

구분	재료	비율(%)	무게(g)
1	박력분	100	600
2	설탕	110	660
3	쇼트닝	50	300
4	달걀	55	330
5	소금	2	12
6	유화제	3	18
7	베이킹파우더	3	18
8	탈지분유	8	48
9	물	72	432
10	바닐라향	0.5	3
합계		403.5	2421

수험자 유의사항

1. 시험시간은 재료 계량시간이 포함된 시간이다.
2. 안전사고가 없도록 유의한다.
3. 의문 사항이 있으면 감독위원에게 문의하고, 감독위원의 지시에 따른다.
4. 다음과 같은 경우에는 채점 대상에서 제외된다.
   ① 시험시간 내에 작품을 제출하지 못한 경우
   ② 시험시간 내에 제출된 작품이라도 다음과 같은 경우
      · 작품의 가치가 없을 정도로 타거나 익지 않은 경우
      · 요구사항을 준수하지 않았을 경우
      · 지급된 재료 이외의 재료를 사용한 경우
   ③ 시험 중 시설·장비의 조작 또는 재료의 취급이 미숙하여 위해를 일으킬 것으로 감독위원
      전원이 합의하여 판단한 경우
   ④ 항목별 배점: 제조 공정 60점, 제품평가 40점

제조 공정

1. 재료 계량

재료를 담을 용기의 무게를 측정하여 기록하고, 전 재료를 제한시간 내에 손실과 오차 없이 정확히 계량하여 재료별로 진열한다.

▶ 제한시간 내에 재료 손실이 없이 전 재료를 정확하게 계량하면 만점, 시간을 초과하면 0점 처리한다.

2. 전처리

가루재료(박력분, 베이킹파우더, 탈지분유, 바닐라향)를 가볍게 혼합하여 30cm 정도의 높이에서 체질하여 재료를 골고루 분산시키고, 재료에 공기를 혼입시키며, 이물질을 제거한다. ❶

3. 반죽

① 쇼트닝을 믹싱 볼에 넣고 부드럽게 풀어준 뒤 설탕, 소금, 유화제를 넣고 믹싱하여 크림 상태로 만든다. ❷

▶ 설탕이 녹지 않으면 제품의 윗면에 반점의 형태로 나타난다.

② 달걀을 조금씩 넣어가며(3~4회) 부드러운 크림 상태로 만든다. ❸

▶ 달걀을 첨가하는 동안에 크림이 분리되지 않도록, 투입속도를 조절하며 믹싱 볼의 바닥과 안쪽을 고무주걱으로 긁어주어 반죽이 전체적으로 고루 섞이게 한다.

③ 충분히 크림화가 되어 가면 물 1/2을 조금씩 투입하여 저속 또는 중속으로 믹싱한다. ❹

④ ③의 반죽에 체질해놓은 가루재료를 손 또는 기계를 이용하여 가볍게 혼합한다. ❺

▶ 가루혼합은 기계를 이용할 시 저속으로(1단) 혼합한다.

⑤ ④의 반죽에 나머지 물 1/2을 조금씩 첨가하여 부드러운 반죽을 완성한다. ❻

4. 팬닝

원형 팬의 안쪽에 기름종이를 옆면과 밑면에 깔고, 반죽을 팬 부피의 50~60% 정도 팬닝하고, 고무주걱으로 윗면을 평평하게 고르면서 큰 기포를 없애준다. ❼

▶ 팬의 옆면에 두르는 기름종이는 팬의 높이보다 조금 더 올라오게 하며, 팬닝 후 오븐에 넣기 전에 중간을 약간 오목하게 해 주면 유지가 가운데로 모이는 것을 어느 정도 방지할 수 있다.

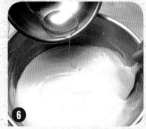

제과제빵기능사 이론 및 실기

5. 굽기

① 오븐 온도: 윗불 180℃, 밑불 160℃

② 시간: 30~40분

③ 윗면에 색이 나면 윗불을 160℃로 줄여주며, 위치에 따라 온도 차이가 있을 수 있으므로 일정시간 경과 후 팬의 위치를 바꾸어 주어 전체 제품의 색깔이 균일하게 되도록 한다.

1. 쇼트닝은 부드럽게 만든 후 크림화시킨다(중탕하여 부드럽게 한다).
2. 달걀을 넣을 때 분리현상이 생기지 않도록 2~3회 나누어 넣는다.
3. 가루재료를 넣은 다음에 물을 넣어 되기 조절을 한다.
4. 굽기 후 옆면 종이를 떼어낼 때 붓으로 물을 발라 잠시 두었다가 떼어내면 잘 떨어진다.

제품 평가표

제조 공정						제품 평가		
순서	세부항목	배점	순서	세부항목	배점	순서	세부항목	배점
1	계량시간	2	8	팬 준비	5	14	부피	8
2	재료손실	2	9	팬에 넣기	6	15	외부균형	8
3	정확도	2	10	굽기 관리	5	16	껍질	8
4	믹싱법	7	11	구운 상태	6	17	내상	8
5	반죽상태	7	12	정리정돈 및 청소	4	18	맛과 향	8
6	반죽온도	5	13	개인위생	4			
7	비중	5						

초코 머핀

Choco Muffin

: 반죽형 반죽-크림법

요구사항

■ 초코 머핀(초코컵케이크)을 제조하여 제출하시오.

1. 배합표의 각 재료를 계량하여 재료별로 진열하시오(11분).
2. 반죽은 크림법으로 제조하시오.
3. 반죽온도는 24℃를 표준으로 하시오.
4. 초코칩은 제품의 내부에 골고루 분포되게 하시오.
5. 반죽분할은 주어진 팬에 알맞은 양으로 반죽을 팬닝하시오.
6. 반죽은 전량을 사용하여 분할하시오.

배합표

구분	재료	비율(%)	무게(g)
1	박력분	100	500
2	설탕	60	300
3	버터	60	300
4	달걀	60	300
5	소금	1	5
6	베이킹소다	0.4	2
7	베이킹파우더	1.6	8
8	코코아파우더	12	60
9	물	35	175
10	탈지분유	6	30
11	초코칩	36	180
합계		372	1860

수험자 유의사항

1. 시험시간은 재료 계량시간이 포함된 시간이다.
2. 안전사고가 없도록 유의한다.
3. 의문 사항이 있으면 감독위원에게 문의하고, 감독위원의 지시에 따른다.
4. 다음과 같은 경우에는 채점 대상에서 제외된다.
   ① 시험시간 내에 작품을 제출하지 못한 경우
   ② 시험시간 내에 제출된 작품이라도 다음과 같은 경우

· 작품의 가치가 없을 정도로 타거나 익지 않은 경우
· 요구사항을 준수하지 않았을 경우
· 지급된 재료 이외의 재료를 사용한 경우
③ 시험 중 시설·장비의 조작 또는 재료의 취급이 미숙하여 위해를 일으킬 것으로 감독위원 전원이 합의하여 판단한 경우
④ 항목별 배점: 제조 공정 60점, 제품평가 40점

제조 공정

1. 재료 계량

재료를 담을 용기의 무게를 측정하여 기록하고, 전 재료를 제한시간 내에 손실과 오차 없이 정확히 계량하여 재료별로 진열한다. ❶

👉 제한시간 내에 재료 손실이 없이 전 재료를 정확하게 계량하면 만점, 시간을 초과하면 0점 처리한다.

2. 전처리

가루재료(박력분, 베이킹소다, 베이킹파우더, 코코아파우더, 탈지분유)를 가볍게 혼합하여 30cm 정도의 높이에서 체질하여 재료를 골고루 분산시키고, 재료에 공기를 혼입시키며, 이물질을 제거한다.

3. 반죽

① 버터를 믹싱 볼에 넣고 부드럽게 풀어준 뒤 설탕, 소금을 넣고 믹싱하여 크림 상태로 만든다. ❷

👉 설탕이 녹지 않으면 제품의 윗면에 반점의 형태로 나타날 수 있으므로 반죽의 온도가 낮으면 믹싱 볼 아래에 더운 물로 받쳐준다.

② 달걀을 조금씩 넣어가며(3~4회) 부드러운 크림 상태로 만든다. ❸

👉 달걀을 첨가하는 동안에 크림이 분리되지 않도록, 투입속도를 조절하며 믹싱 볼의 바닥과 안쪽을 고무주걱으로 긁어주어 반죽이 전체적으로 고루 섞이게 한다.

③ 체질해 놓은 가루재료를 가볍게 혼합한다(1단 속도). ❹

④ 초코칩을 반죽에 넣고 균일하게 혼합한다. ❺

⑤ 반죽온도: 24℃

4. 팬닝

① 팬 준비: 머핀컵에 속지를 넣고 한 팬에 20개를 준비한다.

② 반죽을 짤주머니에 담고 머핀컵 속지에 70% 정도 부피가 되게 짜 넣는다.

5. 굽기

① 오븐 온도: 윗불 180℃, 밑불 160℃ ❼

② 시간: 20~25분

1. 버터를 크림화시킬 때 달걀을 소량씩 넣어 분리현상을 방지한다.
2. 버터를 크림화시킬 때 설탕과 소금 입자가 완전히 녹아야 한다.
3. 머핀컵은 미리 철판에 20개씩 준비하고 속지를 넣어둔다.
4. 짤주머니에 반죽을 넣어 반죽이 위쪽으로 새어 나오지 않도록 주의한다.

🕐 제품 평가표

제조 공정						제품 평가		
순서	세부항목	배점	순서	세부항목	배점	순서	세부항목	배점
1	계량시간	2	8	팬 준비	8	14	부피	8
2	재료손실	2	9	팬에 넣기	5	15	외부균형	8
3	정확도	2	10	굽기 관리	5	16	껍질	8
4	믹싱법	4	11	구운 상태	7	17	내상	8
5	반죽상태	8	12	정리정돈 및 청소	4	18	맛과 향	8
6	반죽혼합순서	5	13	개인위생	4			
7	반죽온도	4						

버터
스펀지
케이크

Butter Sponge Cake

: 거품형 반죽–별립법

요구사항

■ 버터 스펀지케이크(별립법)를 제조하여 제출하시오.

1. 배합표의 각 재료를 계량하여 재료별로 진열하시오(9분).
2. 반죽은 별립법으로 제조하시오.
3. 반죽온도는 23℃를 표준으로 하시오.
4. 반죽의 비중을 측정하시오.
5. 제시한 팬에 알맞도록 분할하시오.
6. 반죽은 전량을 사용하여 성형하시오.

배합표

구분	재료	비율(%)	무게(g)
1	박력분	100	600
2	설탕A	60	360
3	설탕B	60	360
4	노른자	50	300
5	흰자	100	600
6	소금	1.5	9
7	베이킹파우더	1	6
8	바닐라향	0.5	3
9	용해버터	25	150
합계		398	2388

수험자 유의사항

1. 시험시간은 재료 계량시간이 포함된 시간이다.
2. 안전사고가 없도록 유의한다.
3. 의문 사항이 있으면 감독위원에게 문의하고, 감독위원의 지시에 따른다.
4. 다음과 같은 경우에는 채점 대상에서 제외된다.
   ① 시험시간 내에 작품을 제출하지 못한 경우
   ② 시험시간 내에 제출된 작품이라도 다음과 같은 경우
      · 작품의 가치가 없을 정도로 타거나 익지 않은 경우
      · 요구사항을 준수하지 않았을 경우
      · 지급된 재료 이외의 재료를 사용한 경우
   ③ 시험 중 시설·장비의 조작 또는 재료의 취급이 미숙하여 위해를 일으킬 것으로 감독위원
      전원이 합의하여 판단한 경우
   ④ 항목별 배점: 제조 공정 60점, 제품평가 40점

제조 공정

1. 재료 계량

재료를 담을 용기의 무게를 측정하여 기록하고, 전 재료를 제한시간 내에 손실과 오차 없이 정확히 계량하여 재료별로 진열한다.

📌 제한시간 내에 재료 손실이 없이 전 재료를 정확하게 계량하면 만점, 시간을 초과하면 0점 처리한다.

2. 전처리

가루재료(박력분, 베이킹파우더, 바닐라향)을 가볍게 혼합하여 30cm 정도의 높이에서 체질하여 재료를 골고루 분산시키고, 재료에 공기를 혼입시키며, 이물질을 제거한다.

3. 버터를 중탕(40℃ 정도)으로 녹여둔다. ❶

4. 반죽

① 달걀을 흰자와 노른자로 분리한다. ❷

📌 흰자에 노른자가 섞이지 않도록 주의한다.

② 노른자를 잘 풀어준 후 설탕A와 소금을 넣어, 미색을 띠면서 윤기가 나는 정도까지 믹싱한다. ❸

③ 흰자를 믹싱 볼에 넣고 50~60% 정도의 거품을 올린 다음, 설탕B를 조금씩 넣으면서 계속 믹싱하여 중간 피크(80~90%) 정도의 머랭을 만든다. ❹, ❺

④ 노른자 반죽에 머랭 반죽 1/3을 넣고 나무주걱으로 머랭의 거품이 꺼지지 않을 정도로 섞는다. ❻

⑤ 체질한 가루 재료를 넣고 가볍게 혼합한다. ❼

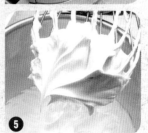

⑥ 녹인 버터(40~60℃)를 넣고 바닥에 가라앉지 않도록 신속하게 혼합한다. ❽

⑦ 나머지 머랭(2/3)을 첨가하여 거품이 많이 꺼지지 않도록 가볍게 섞는다.

📌 머랭 거품이 살아 있으면서 전 재료가 균일하게 혼합되도록 한다.

⑧ 반죽온도: 23℃, 비중: 0.55±0.05 ❾

5. 팬닝

원형 팬의 안쪽에 기름종이를 옆면과 밑면에 깔고, 반죽을 팬 부피의 50~60% 정도 팬닝하고, 고무주걱으로 윗면을 평평하게 고르면서 큰 기포를 없애준다. ❿

 팬의 옆면에 두르는 기름종이는 팬의 높이보다 조금 더 올라오게 하며, 팬닝 후 오븐에 넣기 전에 중간을 약간 오목하게 해 주면 유지가 가운데로 모이는 것을 어느 정도 방지할 수 있으며, 오븐에 넣기 직전에 팬을 작업대에 살짝 떨어뜨려서 반죽 속의 큰 기포를 제거한다.

6. 굽기

① 오븐 온도: 윗불 180℃, 밑불 160℃
② 시간: 20~25분
③ 오븐의 위치에 따라 온도 차이가 있으므로 일정시간이 경과 후 팬의 위치를 바꾸어 제품의 색깔이 일정하게 유지되도록 한다.

1. 흰자를 믹싱할 때 볼에 노른자, 물, 유지성분이 있으면 머랭이 잘 만들어지지 않는다.
2. 머랭은 중간피크(80%) 상태가 가장 좋다.
3. 용해 버터를 넣고 많이 섞으면 비중이 높아지고 제품이 단단해진다.
4. 오븐에 넣기 전에 작업대에 펀칭을 주어 일정한 기포를 형성한다.

🏅 제품 평가표

제조 공정						제품 평가		
순서	세부항목	배점	순서	세부항목	배점	순서	세부항목	배점
1	계량시간	2	8	팬 준비	5	14	부피	8
2	재료손실	2	9	팬에 넣기	6	15	외부균형	8
3	정확도	2	10	굽기관리	5	16	껍질	8
4	믹싱법	7	11	구운 상태	8	17	내상	8
5	반죽상태	9	12	정리정돈 및 청소	2	18	맛과 향	8
6	반죽온도	5	13	개인위생	2			
7	비중	5						

마카롱
쿠키

Macaron Cookie

: 거품형 쿠키-머랭법

요구사항

■ **마카롱 쿠키를 제조하여 제출하시오.**

1. 배합표의 각 재료를 계량하여 재료별로 진열하시오(5분).

2. 반죽은 머랭을 만들어 수작업하시오.

3. 반죽온도는 22℃를 표준으로 하시오.

4. 원형 모양 깍지를 끼운 짤주머니를 사용하여 직경 3cm로 하시오.

5. 반죽은 전량을 사용하여 성형하고, 팬 2개를 구워 제출하시오.

배합표

구분	재료	비율(%)	무게(g)
1	아몬드분말	100	200
2	분당	180	360
3	달걀흰자	80	160
4	설탕	20	40
5	바닐라향	1	2
합계		381	762

수험자 유의사항

1. 시험시간은 재료 계량시간이 포함된 시간이다.

2. 안전사고가 없도록 유의한다.

3. 의문 사항이 있으면 감독위원에게 문의하고, 감독위원의 지시에 따른다.

4. 다음과 같은 경우에는 채점 대상에서 제외된다.

　① 시험시간 내에 작품을 제출하지 못한 경우

　② 시험시간 내에 제출된 작품이라도 다음과 같은 경우

　　· 작품의 가치가 없을 정도로 타거나 익지 않은 경우

　　· 요구사항을 준수하지 않았을 경우

　　· 지급된 재료 이외의 재료를 사용한 경우

　③ 시험 중 시설·장비의 조작 또는 재료의 취급이 미숙하여 위해를 일으킬 것으로 감독위원
　　전원이 합의하여 판단한 경우

　④ 항목별 배점: 제조 공정 60점, 제품평가 40점

제조 공정

1. 재료 계량

재료를 담을 용기의 무게를 측정하여 기록하고, 전 재료를 제한시간 내에 손실과 오차 없이 정확히 계량하여 재료별로 진열한다.

▶ 제한시간 내에 재료 손실이 없이 전 재료를 정확하게 계량하면 만점, 시간을 초과하면 0점 처리한다.

2. 전처리

가루재료(아몬드 분말, 분당)를 가볍게 혼합하여 30cm 정도의 높이에서 체질하여 재료를 골고루 분산시키고, 재료에 공기를 혼입시키며, 이물질을 제거한다.

3. 반죽

① 스테인리스 볼에 흰자를 넣고 거품기를 사용하여 60% 정도의 거품을 올린다. ❶
② 설탕을 3~4회 조금씩 나누어 넣으면서 80% 정도의 머랭을 만든다. ❷
③ 머랭에 바닐라향을 넣고 고르게 섞는다.
④ 체질한 가루재료에 머랭 1/3 정도를 넣고 나무 주걱이나 손으로 균일하게 섞는다. ❸
⑤ 나머지 머랭(2/3)을 넣어 가볍게 섞는다. ❹
⑥ 반죽온도: 22℃

4. 성형 및 팬닝

① 평철판에 실리콘 페이퍼나 위생지를 깔아둔다.
② 짤주머니에 지름 0.5~1cm의 원형 모양 깍지를 끼우고 반죽을 절반 정도 담는다. ❺
③ 평철판에 직경 3cm 정도가 되게 반죽 사이의 간격을 일정하게 유지하면서 모양과 크기가 균일하도록 반죽을 짜준다. ❻
④ 실온에서 30~40분간 건조시킨다.

5. 굽기

① 오븐 온도: 윗불 180℃, 밑불 150℃

② 시간: 10~15분

🚩 오븐에서 10분 정도 굽다가 윗불 온도를 160℃로 낮추어 건조시키면서 굽는다.

❻

👍 1. 머랭은 중간피크(80%) 상태로 만든다.

2. 머랭과 가루재료의 혼합 상태는 반죽을 떠서 내려놓았을 때 퍼짐 정도가 약 10초 후에 평평해지는 정도가 적당하다.

3. 유산지에 짜면 모양이 찌그러질 수 있으므로 실리콘페이퍼 또는 깨끗한 평철판에 직접 짠다.

4. 밑불이 너무 높으면 윗부분이 터질 수 있으므로 철판을 깔고 낮은 온도에서 굽기를 한다.

🏅 제품 평가표

제조 공정						제품 평가		
순서	세부항목	배점	순서	세부항목	배점	순서	세부항목	배점
1	계량시간	2	9	정형상태	6	16	부피	10
2	재료손실	2	10	팬 넣기	4	17	외부균형	10
3	정확도	2	11	건조하기	2	18	표피와 조직	10
4	혼합순서	5	12	굽기 관리	2	19	맛과 향	10
5	반죽상태	7	13	구운 상태	6			
6	반죽온도	5	14	정리정돈 및 청소	4			
7	짤주머니 준비하기	3	15	개인위생	4			
8	숙련도	6						

젤리롤 케이크

Jelly Roll cake

: 거품형 반죽–공립법

요구사항

■ 젤리롤 케이크를 제조하여 제출하시오.

1. 배합표의 각 재료를 계량하여 재료별로 진열하시오(8분).
2. 반죽은 공립법으로 제조하시오.
3. 반죽온도는 23℃를 표준으로 하시오.
4. 반죽의 비중을 측정하시오.
5. 제시한 팬에 알맞도록 분할하시오.
6. 반죽은 전량을 사용하여 성형하시오.
7. 캐러멜 색소를 이용하여 무늬를 완성하시오.

배합표

1. 반죽

구분	재료	비율(%)	무게(g)
1	박력분	100	400
2	설탕	130	520
3	달걀	170	680
4	소금	2	8
5	물엿	8	32
6	베이킹파우더	0.5	2
7	우유	20	80
8	바닐라향	1	4
합계		431.5	1726

2. 잼

구분	재료	비율(%)	무게(g)
1	잼	50	200
합계		50	200

수험자 유의사항

1. 시험시간은 재료 계량시간이 포함된 시간이다.
2. 안전사고가 없도록 유의한다.
3. 의문 사항이 있으면 감독위원에게 문의하고, 감독위원의 지시에
   따른다.
4. 다음과 같은 경우에는 채점 대상에서 제외된다.
   ① 시험시간 내에 작품을 제출하지 못한 경우
   ② 시험시간 내에 제출된 작품이라도 다음과 같은 경우

· 작품의 가치가 없을 정도로 타거나 익지 않은 경우
· 요구사항을 준수하지 않았을 경우
· 지급된 재료 이외의 재료를 사용한 경우
③ 시험 중 시설·장비의 조작 또는 재료의 취급이 미숙하여 위
  해를 일으킬 것으로 감독위원 전원이 합의하여 판단한 경우
④ 항목별 배점: 제조 공정 60점, 제품평가 40점

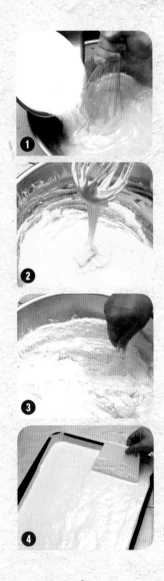

제조 공정

1. 재료 계량

재료를 담을 용기의 무게를 측정하여 기록하고, 전 재료를 제한시간 내에 손실과 오차 없이 정확히 계량하여 재료별로 진열한다.

▶ 제한시간 내에 재료 손실이 없이 전 재료를 정확하게 계량하면 만점, 시간을 초과하면 0점 처리한다.

2. 전처리

가루재료(박력분, 베이킹파우더, 바닐라향)를 가볍게 혼합하여 30cm 정도의 높이에서 체질하여 재료를 골고루 분산시키고, 재료에 공기를 혼입시키며, 이물질을 제거한다.

3. 반죽

① 믹싱 볼에 달걀을 넣고 잘 풀어준 다음 설탕, 소금, 물엿을 넣고 중속으로 믹싱하다가 설탕과 물엿이 용해되면 고속으로 믹싱한다. ❶

▶ 실온이 낮은 경우는 중탕상태(온도 37~43℃)로 믹싱하는 것이 좋다.

② 반죽의 완료 시점에는 믹싱 속도를 저속으로 낮추어 믹싱(1~2분 정도)하면서 크게 형성된 기포를 작고 균일하게 해준다. ❷

▶ 완료된 반죽상태는 거품기 자국이 천천히 없어질 정도이나, 거품기로 반죽을 찍어 흘렸을 때, 반죽이 점성을 가지고 일정한 간격을 유지하며 흘러내리는 정도로 한다

③ 체질한 가루재료를 넣고 나무주걱으로 가볍게 섞는다. ❸

④ 우유를 넣어 섞으면서 되기를 조절한다.

⑤ 반죽온도: 23℃, 비중: 0.50±0.05

4. 팬닝

① 팬 준비: 평철판의 바닥에 종이를 깐다.

② 무늬 내기에 사용할 반죽 소량만 남겨두고, 전 반죽을 평철판의 중앙에 붓는다.

③ 스크레이퍼나 고무주걱을 이용하여 모서리 방향으로 신속히 펼친 다음 윗면을 평평하게 고르면서 윗부분의 큰 기포를 제거한다. ❹

5. 무늬 내기

① 철판에 팬닝하고 남은 반죽이나 체에 거른 달걀노른자에 캐러멜 색소나 커피를 혼합하여 짙은 밤색으로 색을 낸다.

② 유산지나 비닐 짤주머니에 무늬용 반죽을 담고 팬닝한 반죽의 표면(2/3)에 가늘게 일정한 간격(약 2cm 정도)을 유지하면서, 평철판의 좁은 방향으로 갈지(之) 자로 짜 내려간다.

③ 무늬를 짠 90° 방향으로 젓가락이나 요지 등의 가느다란 도구를 이용하여, 일정한 간격으로 지그재그로 그려 무늬를 완성한다.

📌 젓가락으로 반죽의 2/3 정도 깊이로 넣어 철판 밑바닥에 닿지 않게 무늬를 낸다.

6. 굽기

① 오븐 온도: 윗불 180℃, 밑불 160℃

② 시간: 15~20분

③ 오븐의, 위치에 따라 위치에 따라 온도 차이가 있을 수 있으므로 일정시간 경과 후 팬의 위치를 바꾸어 주어 전체 제품의 색깔이 균일하게 되도록 한다.

7. 말기

① 물을 적신 면포를 완전히 짜준 후 펼친다.

② 식용유를 칠한 유산지를 보자기 뒤쪽 위에 놓는다.

③ 구워져 나온 시트의 무늬가 있는 부분이 바닥으로 향하며, 완전히 무늬가 그려진 부분이 말기 시작하는 반대방향으로 향하게 하여 면포 위에 뒤집어 놓는다.

④ 종이에 물을 묻혀 수분이 흡수되면 종이를 떼어낸다.

⑤ 잼을 얇게 바른다.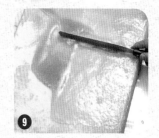

📌 잼의 양이 너무 많으면 말아놓은 후에 잼이 흘러나오고, 너무 적으면 접착력이 약하다.

⑥ 말을 때 처음 말리는 부분이 구부러지기 쉽게, 시트를 말기 시작하는 1.5~2cm 되는 부분(무늬가 없는 부분)에 스패츌러로 눌러 자국을 내준다. ⑩

⑦ 긴 밀대를 사용하여 일정한 힘의 세기로 말아준다. ⑪

📌 말기의 마지막 부분에서 잠시 머물러 말린 부분이 풀리지 않게 한다.

⑧ 손으로 모양을 일정하게 잡아준 후 유산지를 제품에서 바로 떼어낸다. ⑫

📌 유산지로 말아준 후 바로 떼어내지 않으면 유산지에 반죽이 들러붙어 무늬가 떨어져 나오므로 주의한다.

🧤 1. 물엿을 계량할 때는 설탕 위에 계량한다.
2. 달걀, 설탕, 소금을 43℃로 중탕하여 휘핑한다.
3. 면포는 물로 미리 적셔 사용하고, 유산지를 사용할 때에는 식용유를 바른다.
4. 말을 때에는 터지지 않게 일정한 힘을 주어야 한다.

🎯 제품 평가표

_제조 공정_						_제품 평가_		
순서	세부항목	배점	순서	세부항목	배점	순서	세부항목	배점
1	계량시간	2	9	팬에 넣기	6	16	부피	8
2	재료손실	2	10	무늬 만들기	4	17	외부균형	8
3	정확도	2	11	굽기 관리	2	18	껍질	8
4	반죽혼합순서	5	12	구운 상태	6	19	내상	8
5	반죽상태	7	13	말기	7	20	맛과 향	8
6	반죽온도	5	14	정리정돈 및 청소	2			
7	비중	5	15	개인위생	2			
8	팬 준비	3						

소프트 롤 케이크

Soft Roll Cake

: 거품형 반죽_별립법

요구사항

■ 소프트 롤 케이크를 제조하여 제출하시오.

1. 배합표의 각 재료를 계량하여 재료별로 진열하시오(10분).
2. 반죽은 별립법으로 제조하시오.
3. 반죽온도는 22℃를 표준으로 하시오.
4. 반죽의 비중을 측정하시오.
5. 제시한 팬에 알맞도록 분할하시오.
6. 반죽은 전량을 사용하여 성형하시오.
7. 캐러멜 색소를 이용하여 무늬를 완성하시오.

배합표

1. 반죽

구분	재료	비율(%)	무게(g)
1	박력분	100	250
2	설탕A	70	175
3	물엿	10	25
4	소금	1	2.5
5	물	20	50
6	바닐라향	1	2.5
7	설탕B	60	150
8	달걀	280	700
9	베이킹파우더	1	2.5
10	식용유	50	125
합계		593	1482.5

2. 잼

구분	재료	비율(%)	무게(g)
1	잼	80	200
합계		80	200

제조 공정

1. 재료 계량

재료를 담을 용기의 무게를 측정하여 기록하고, 전 재료를 제한시간 내에 손실과 오차 없이 정확히 계량하여 재료별로 진열한다.

💡 제한시간 내에 재료 손실이 없이 전 재료를 정확하게 계량하면 만점, 시간을 초과하면 0점 처리한다.

2. 전처리

가루재료(박력분, 베이킹파우더, 바닐라향)를 가볍게 혼합하여 30cm 정도의 높이에서 체질하여 재료를 골고루 분산시키고, 재료에 공기를 혼입시키며, 이물질을 제거한다. ❶

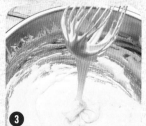

3. 반죽

① 달걀을 흰자와 노른자로 분리한다. ❷

💡 흰자에 노른자가 섞이지 않도록 주의한다.

② 노른자를 잘 풀어준 후 설탕A와 소금을 넣어, 미색을 띠면서 윤기가 나는 정도까지 믹싱한다. ❸

③ 흰자를 믹싱 볼에 넣고 50~60%의 정도 거품을 올린 다음, 설탕B를 조금씩 넣으면서 계속 믹싱하여 중간 피크(80~90%) 정도의 머랭을 만든다. ❹, ❺

④ 노른자 반죽에 머랭 반죽 1/3을 넣고 나무주걱으로 머랭의 거품이 꺼지지 않을 정도로 섞는다. ❻

⑤ 체질한 가루 재료를 넣고 가볍게 혼합한다. ❼

⑥ 식용유를 넣고 바닥에 가라앉지 않도록 신속하게 혼합한다. ❽

🔖 나무주걱으로 혼합하며 손으로 섞으면 체온에 의해 반죽온도가 상승하므로 주의한다.

⑦ 나머지 머랭(2/3)을 첨가하여 거품이 많이 꺼지지 않도록 가볍게 섞는다. ❾

🔖 머랭 거품이 살아 있으면서 전 재료가 균일하게 혼합되도록 한다.

⑧ 반죽온도: 22℃, 비중: 0.45±0.05

🔖 비중이 낮아 제품의 부피가 커지면 제품을 말 때 터지기 쉬우므로 주의한다.

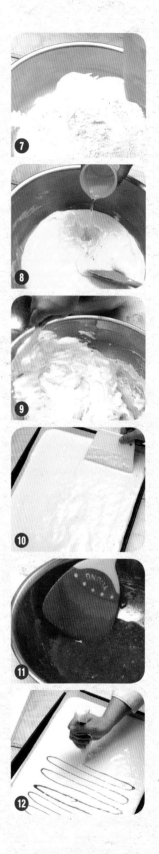

4. 팬닝

① 팬 준비: 평철판의 바닥에 종이를 깐다.

② 무늬 내기에 사용할 반죽 소량만 남겨두고, 전 반죽을 평철판의 중앙에 붓는다.

③ 스크레이퍼나 고무주걱을 이용하여 모서리 방향으로 신속히 펼친 다음 윗면을 평평하게 고르면서 윗부분의 큰 기포를 제거한다. ❿

5. 무늬 내기

① 철판에 팬닝하고 남은 반죽이나 체에 거른 달걀노른자에 캐러멜 색소나 커피를 혼합하여 짙은 밤색으로 색을 낸다. ⓫

② 유산지나 비닐 짤주머니에 무늬용 반죽을 담고 팬닝한 반죽의 표면(2/3)에 가늘게 일정한 간격(약 2cm 정도)을 유지하면서, 평철판의 좁은 방향으로 갈지(之) 자로 짜 내려간다. ⓬

③ 무늬를 짠 90° 방향으로 젓가락이나 이쑤시개 등의 가느다란 도구를 이용하여, 일정한 간격으로 지그재그로 그려 무늬를 완성한다. ⓭

🔖 젓가락으로 반죽의 2/3 정도 깊이로 넣어 철판 밑바닥에 닿지 않게 무늬를 낸다.

6. 굽기

① 오븐 온도: 윗불 180℃, 밑불 160℃

② 시간: 15~20분

③ 오븐의 위치에 따라 위치에 따라 온도 차이가 있을 수 있으므로 일정시간 경과 후 팬의 위치를 바꾸어 주어 전체 제품의 색깔이 균일하게 되도록 한다.

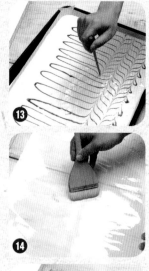

7. 말기

① 물을 적신 면포를 완전히 짜준 후 펼친다.

② 식용유를 칠한 유산지를 보자기 뒤쪽 위에 놓는다. ⓒ

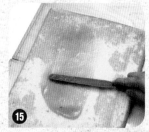

③ 구워져 나온 시트의 무늬가 있는 부분이 바닥으로 향하며, 완전히 무늬가 그려진 부분이 말기 시작하는 반대방향으로 향하게 하여 면포 위에 뒤집어 놓는다.

④ 종이에 물을 묻혀 수분이 흡수되면 종이를 떼어낸다.

⑤ 잼을 얇게 바른다. ⓕ

▶ 잼의 양이 너무 많으면 말아놓은 후에 잼이 흘러나오고, 너무 적으면 접착력이 약하다.

⑥ 말을 때 처음 말리는 부분이 구부러지기 쉽게, 시트를 말기 시작하는 1.5~2cm 되는 부분(무늬가 없는 부분)에 스패츌러로 눌러 자국을 내준다. ⓖ

⑦ 긴 밀대를 사용하여 일정한 힘의 세기로 말아준다. ⓗ

▶ 말기의 마지막 부분에서 잠시 머물러 말린 부분이 풀리지 않게 한다.

⑧ 손으로 모양을 일정하게 잡아준 후 유산지를 제품에서 바로 떼어낸다. ⓘ

▶ 유산지로 말아준 후 바로 떼어내지 않으면 유산지에 반죽이 들러붙어 무늬가 떨어져 나오므로 주의한다.

Soft Roll cake

1. 흰자를 믹싱할 때 볼에 노른자, 물, 유지성분이 있으면 머랭이 잘 만들어지지 않는다.
2. 머랭은 중간피크(80%) 상태가 가장 좋다.
3. 면포는 물로 미리 적셔 사용하고, 유산지를 사용할 때에는 식용유를 바른다.
4. 말을 때에는 터지지 않게 일정한 힘을 주어야 한다.

제품 평가표

제조 공정						제품 평가		
순서	세부항목	배점	순서	세부항목	배점	순서	세부항목	배점
1	계량시간	2	10	반죽비중	2	19	부피	8
2	재료손실	2	11	팬 준비	2	20	외부균형	8
3	정확도	2	12	팬에 넣기	6	21	껍질	8
4	달걀분리상태	3	13	무늬 만들기	4	22	내상	8
5	노른자 믹싱	3	14	굽기 관리	2	23	맛과 향	8
6	흰자믹싱	3	15	구운 상태	5			
7	반죽혼합순서	3	16	말기	6			
8	반죽상태	5	17	정리정돈 및 청소	4			
9	반죽온도	2	18	개인위생	4			

버터 스펀지 케이크

Butter Sponge Cake

: 거품형 반죽_공립법

요구사항

■ 버터 스펀지케이크(공립법)를 제조하여 제출하시오.

1. 배합표의 각 재료를 계량하여 재료별로 진열하시오(6분).
2. 반죽은 공립법으로 제조하시오.
3. 반죽온도는 25℃를 표준으로 하시오.
4. 반죽의 비중을 측정하시오.
5. 제시한 팬에 알맞도록 분할하시오.
6. 반죽은 전량을 사용하여 성형하시오.

배합표

구분	재료	비율(%)	무게(g)
1	박력분	100	500
2	설탕	120	600
3	달걀	180	900
4	소금	1	5
5	바닐라향	0.5	(2)
6	버터	20	100
합계		421.5	2107

수험자 유의사항

1. 시험시간은 재료 계량시간이 포함된 시간이다.
2. 안전사고가 없도록 유의한다.
3. 의문 사항이 있으면 감독위원에게 문의하고, 감독위원의 지시에 따른다.
4. 다음과 같은 경우에는 채점 대상에서 제외된다.
   ① 시험시간 내에 작품을 제출하지 못한 경우
   ② 시험시간 내에 제출된 작품이라도 다음과 같은 경우
      · 작품의 가치가 없을 정도로 타거나 익지 않은 경우
      · 요구사항을 준수하지 않았을 경우
      · 지급된 재료 이외의 재료를 사용한 경우
   ③ 시험 중 시설·장비의 조작 또는 재료의 취급이 미숙하여 위해를 일으킬 것으로 감독위원
      전원이 합의하여 판단한 경우
   ④ 항목별 배점: 제조 공정 60점, 제품평가 40점

제조 공정

1. 재료 계량

재료를 담을 용기의 무게를 측정하여 기록하고, 전 재료를 제한시간 내에 손실과 오차 없이 정확히 계량하여 재료별로 진열한다.

🏳 제한시간 내에 재료 손실이 없이 전 재료를 정확하게 계량하면 만점, 시간을 초과하면 0점 처리한다.

2. 전처리

가루재료(박력분, 바닐라향)를 가볍게 혼합하여 30cm 정도의 높이에서 체질하여 재료를 골고루 분산시키고, 재료에 공기를 혼입시키며, 이물질을 제거한다. ❶

3. 버터를 중탕으로 녹여둔다. ❷

4. 반죽

① 믹싱 볼에 달걀을 넣고 풀어준 다음 설탕, 소금을 넣고 저속으로 믹싱하여 설탕이 어느 정도 용해되면 중속 또는 고속으로 믹싱한다. ❸, ❹

🏳 겨울과 같이 실내온도가 낮은 경우는 달걀에 설탕과 소금을 넣어 중탕(37~43℃) 상태에서 믹싱 하는 것이 좋다.

② 믹싱의 완료 시점은 반죽을 찍어 올렸을 때 반죽이 점성을 가지며 일정한 간격으로 흘러내는 정도이며 이때 믹싱 속도를 저속으로 낮추어 믹싱(1~2분 정도)하면서 반죽의 상태를 균일하게 해준다. ❺

③ 전처리한 가루재료를 넣고 나무주걱이나 손으로 가볍게 섞는다. ❻

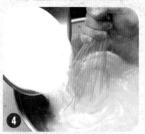

④ 녹인 버터(40~60℃)를 넣고 바닥에 가라앉지 않도록 빠르게 골고루 혼합한다.

🏳 녹인 버터에 반죽을 조금 넣고 혼합한 후, 본 반죽에 혼합하면 유지의 혼합이 쉬우며 유지를 혼합한 이후 많이 저으면 기포가 빠져나가 제품이 딱딱하고 비중이 높게 나온다.

⑤ 반죽온도: 25℃, 비중: 0.55±0.05 ❼, ❽

🔲 원형 팬에 팬닝하는 법

원형 팬의 안쪽에 기름종이를 옆면과 밑면에 깔고, 반죽을 팬 부피의 50~60% 정도 팬닝하고, 고무주걱으로 윗면을 평평하게 고르면서 큰 기포를 없애준다. ❾

※ 팬의 옆면에 두르는 기름종이는 팬의 높이보다 조금 더 올라오게 하며, 팬닝 후 오븐에 넣기 전에 팬을 작업대에 살짝 떨어뜨려서 반죽 속의 큰 기포를 제거한다.

제과제빵기능사 이론 및 실기

5. 팬닝

감독위원의 지시에 따라 반죽을 원형 팬이나 평철판에 팬닝한다.

6. 굽기

① 오븐 온도: 윗불 180℃, 밑불 160℃

② 시간: 20~25분

③ 오븐의 위치에 따라 온도 차이가 있으므로 일정시간이 경과 후 팬의 위치를 바꾸어 제품의 색깔이 일정하게 유지되도록 한다.

1. 체친 가루재료를 넣었을 때 반죽 윗면에 떠 있으면 반죽 상태가 좋은 상태이다.
2. 용해 버터(40℃)를 넣고 빠르게 혼합하여 비중이 높아지는 것을 방지한다.
3. 오븐에 넣기 전에 작업대에 펀칭을 주어서 일정한 기포를 형성한다.

제품 평가표

제조 공정						제품 평가		
순서	세부항목	배점	순서	세부항목	배점	순서	세부항목	배점
1	계량시간	2	8	팬 준비	5	14	부피	8
2	재료손실	2	9	팬에 넣기	6	15	외부균형	8
3	정확도	2	10	굽기 관리	5	16	껍질	8
4	믹싱법	7	11	구운 상태	8	17	내상	8
5	반죽상태	9	12	정리정돈 및 청소	2	18	맛과 향	8
6	반죽온도	5	13	개인위생	2			
7	비중	5						

마들렌

Madeleine

: 1단계법–변형 반죽법

요구사항

■ 마들렌을 제조하여 제출하시오.

1. 배합표의 각 재료를 계량하여 재료별로 진열하시오(7분).
2. 마들렌은 수작업으로 하시오.
3. 버터를 녹여서 넣는 1단계법(변형) 반죽법을 사용하시오.
4. 반죽온도는 24℃를 표준으로 하시오.
5. 실온에서 휴지를 시키시오.
6. 제시된 팬에 알맞은 반죽량을 넣으시오.
7. 반죽은 전량을 사용하여 성형하시오.

배합표

구분	재료	비율(%)	무게(g)
1	박력분	100	400
2	베이킹파우더	2	8
3	설탕	100	400
4	달걀	100	400
5	레몬껍질	1	4
6	소금	0.5	2
7	버터	100	400
합계		403.5	1614

수험자 유의사항

1. 시험시간은 재료 계량시간이 포함된 시간이다.
2. 안전사고가 없도록 유의한다.
3. 의문 사항이 있으면 감독위원에게 문의하고, 감독위원의 지시에 따른다.
4. 다음과 같은 경우에는 채점 대상에서 제외된다.
   ① 시험시간 내에 작품을 제출하지 못한 경우
   ② 시험시간 내에 제출된 작품이라도 다음과 같은 경우
      · 작품의 가치가 없을 정도로 타거나 익지 않은 경우
      · 요구사항을 준수하지 않았을 경우
      · 지급된 재료 이외의 재료를 사용한 경우
   ③ 시험 중 시설·장비의 조작 또는 재료의 취급이 미숙하여 위해를 일으킬 것으로 감독위원
      전원이 합의하여 판단한 경우
   ④ 항목별 배점: 제조 공정 60점, 제품평가 40점

제조 공정

1. 재료 계량

재료를 담을 용기의 무게를 측정하여 기록하고, 전 재료를 제한시간 내에 손실과 오차 없이 정확히 계량하여 재료별로 진열한다.

📋 제한시간 내에 재료 손실이 없이 전 재료를 정확하게 계량하면 만점, 시간을 초과하면 0점 처리한다.

2. 전처리

가루재료(박력분, 베이킹파우더)를 가볍게 혼합하여 30cm 정도의 높이에서 체질하여 재료를 골고루 분산시키고, 재료에 공기를 혼입시키며, 이물질을 제거한다. ❶

3. 반죽

① 스테인리스 볼에 체질한 가루재료와 설탕, 소금을 넣고 고르게 섞는다. ❷
② 달걀을 2~3회 나누어 넣으면서 골고루 혼합한다. ❸
③ 전처리한 레몬 껍질을 넣고 혼합한다. ❹
④ 중탕으로 녹인 버터를 넣고 고르게 섞는다. ❺, ❻

📋 버터는 중탕으로 녹여서 30℃ 정도의 온도로 투입한다.

⑤ 반죽이 마르지 않게 비닐로 덮어 실온에서 30분간 휴지를 시킨다. ❼

4. 성형 및 팬닝

① 휴지 도중에 마들렌 팬에 쇼트닝을 바르고 밀가루나 전분을 가볍게 뿌려둔다. ❽, ❾
② 짤주머니에 지름이 약 1cm 정도 되는 원형모양 깍지를 끼우고 반죽을 담는다.
③ 마들렌 팬 용적의 80% 정도 되게 반죽을 짜 넣는다. ❿

5. 굽기

① 오븐 온도: 윗불 190℃, 밑불 160℃

② 시간: 20~25분

③ 오븐의 위치에 따라 온도 차이가 생기므로 일정시간이 경과 후 팬의 위치를 바꾸어 전체 제품의 색깔이 균일하게 유지되도록 한다.

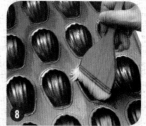

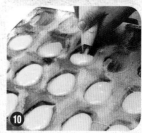

1. 버터를 먼저 중탕(30℃)으로 용해하여 준비한다.
2. 달걀과 가루재료, 설탕, 소금을 넣고 혼합할 때 제품의 기공을 조밀하게 만들기 위해서 기포가 생기지 않도록 천천히 섞어준다.
3. 휴지를 충분히 시킨다.
4. 제품의 윗면이 터질 수 있으므로 너무 높은 온도에서 굽지 않는다.

🍩 제품 평가표

제조 공정						제품 평가		
순서	세부항목	배점	순서	세부항목	배점	순서	세부항목	배점
1	계량시간	2	8	팬 준비	5	15	부피	8
2	재료손실	2	9	팬에 넣기	5	16	외부균형	8
3	정확도	2	10	굽기 관리	4	17	껍질	8
4	믹싱법	7	11	구운 상태	6	18	내상	8
5	반죽상태	7	12	팬 빼기	2	19	맛과 향	8
6	반죽온도	5	13	정리정돈 및 청소	4			
7	비중	5	14	개인위생	4			

쇼트 브레드 쿠키

Short Bread Cookie

: 반죽형 반죽—크림법

요구사항

■ 쇼트 브레드 쿠키를 제조하여 제출하시오.

1. 배합표의 각 재료를 계량하여 재료별로 진열하시오(9분).

2. 반죽은 크림법으로 제조하시오.

3. 반죽온도는 20℃를 표준으로 하시오.

4. 제시한 정형기를 사용하여 정형하시오.

5. 반죽은 전량을 사용하여 성형하시오.

6. 달걀노른자칠을 하여 무늬를 만드시오.

배합표

구분	재료	비율(%)	무게(g)
1	박력분	100	600
2	버터	33	198
3	쇼트닝	33	198
4	설탕	35	210
5	소금	1	6
6	물엿	5	30
7	달걀	10	60
8	노른자	10	60
9	바닐라향	0.5	3
합계		227.5	1368

수험자 유의사항

1. 시험시간은 재료 계량시간이 포함된 시간이다.

2. 안전사고가 없도록 유의한다.

3. 의문 사항이 있으면 감독위원에게 문의하고, 감독위원의 지시에 따른다.

4. 다음과 같은 경우에는 채점 대상에서 제외된다.

   ① 시험시간 내에 작품을 제출하지 못한 경우

   ② 시험시간 내에 제출된 작품이라도 다음과 같은 경우

   · 작품의 가치가 없을 정도로 타거나 익지 않은 경우

   · 요구사항을 준수하지 않았을 경우

   · 지급된 재료 이외의 재료를 사용한 경우

   ③ 시험 중 시설·장비의 조작 또는 재료의 취급이 미숙하여 위해를 일으킬 것으로 감독위원

   전원이 합의하여 판단한 경우

   ④ 항목별 배점: 제조 공정 60점, 제품평가 40점

제조 공정

1. 재료 계량

재료를 담을 용기의 무게를 측정하여 기록하고, 전 재료를 제한시간 내에 손실과 오차 없이 정확히 계량하여 재료별로 진열한다.

🔖 제한시간 내에 재료 손실이 없이 전 재료를 정확하게 계량하면 만점, 시간을 초과하면 0점 처리한다.

2. 전처리

가루재료(박력분, 바닐라향)를 가볍게 혼합하여 30cm 정도의 높이에서 체질하여 재료를 골고루 분산시키고, 재료에 공기를 혼입시키며, 이물질을 제거한다. ❶

3. 반죽

① 믹싱 볼(또는 스테인리스 볼)에 버터와 쇼트닝을 넣고 거품기로 부드럽게 풀어 준다. ❷

② 설탕, 물엿, 소금을 넣고 믹싱하여 크림 상태로 만든다. ❸

③ 노른자와 달걀을 조금씩 넣으면서 믹싱하여 부드럽고 매끈한 크림 상태로 만든다. ❹

🔖 달걀을 첨가하는 동안에 크림이 분리되지 않도록, 투입속도를 조절한다.

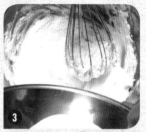

④ 체질해 놓은 가루재료를 넣고 나무주걱으로 가볍게 섞는다. ❺

🔖 밀가루가 보이지 않으면서 한 덩어리로 뭉쳐질 정도로만 혼합한다.

⑤ 반죽온도: 20℃

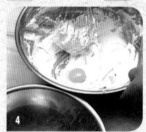

4. 휴지

① 작업대에 면포를 깔고 덧가루를 뿌려 놓는다.

② 손 반죽을 조금하여 반죽을 한 덩어리로 만든다. ❻

③ 반죽의 표면이 마르지 않도록 비닐로 반죽을 감싸고 편평하게 눌러 펴서 냉장고에서 20~30분 정도 휴지시킨다. ❼

🔖 손가락으로 반죽을 살짝 눌렀을 때 누른 자국이 그대로 남으면 휴지를 끝낸다.

5. 밀어 펴기

밀어 펴기 쉬운 정도의 반죽(전체 반죽의 1/2 정도)을 분할하여 덧가루를 뿌린 작업대 위에서 두께가 균일하게 밀어 편다(0.4~0.8cm). ❽

🔖 면포 위에서 작업하는 것이 좋고 부피감과 맛을 고려할 때 0.6cm 정도가 적당하다. 밀대에 반죽이 달라붙지 않게 덧가루를 사용해 가며 밀어 편다. 그러나 덧가루를 너무 많이 사용하면 제품에서 냄새 및 줄무늬가 나타나므로 주의한다.

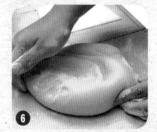

6. 정형

제시한 정형기(원형 또는 사각형)를 사용하여 반죽을 찍어낸다. 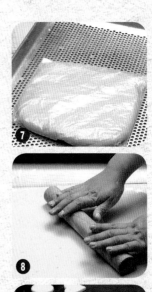 ❾

🖐 정형기에 덧가루를 묻혀 반죽이 달라붙지 않게 하면서, 자투리 반죽이 최소화되도록 찍어낸다(자투리 반죽을 다시 뭉쳐 재사용할 때는 밀어 편 다음 반드시 휴지를 시킨다).

7. 팬닝

① 정형한 반죽에 묻은 덧가루를 털어내고, 식용유를 얇게 바른 평철판에 일정한 간격을 유지하면서 팬닝한다.

🖐 반죽 사이의 간격을 2.5cm 정도 유지하면서 반죽의 형태가 변형되지 않도록 주의 한다.

② 윗면에 달걀노른자를 바른다(2회 정도). ❿

🖐 노른자는 체에 걸러서 사용하고, 한번 노른자 칠을 하고 약간 마른 뒤에 다시 칠해준다.

③ 달걀물이 약간 마른 뒤 포크를 이용하여 무늬를 낸다. ⓫

8. 굽기

① 오븐 온도: 윗불 190℃, 밑불 150℃
② 시간: 10~12분
③ 오븐의 위치에 따라 온도 차이가 생기므로 일정시간이 경과 후 팬의 위치를 바꾸어 전체 제품의 색깔이 균일하게 유지되도록 한다.

🖐 밑불 조정에 주의하여 쿠키의 바닥 색이 너무 진하지 않도록 하여야 한다.

👆 1. 크림화를 많이 하면 반죽이 질어져서 밀어 펴기가 힘들어진다.
　 2. 가루재료를 섞을 때는 많이 치대면 글루텐이 형성되어 쿠키가 단단해진다.
　 3. 덧가루를 많이 사용하면 완제품에 줄무늬가 생긴다.
　 4. 손가락으로 눌러 자국이 남아 있으면 휴지가 완성된 상태로, 이때 일정한 모양, 크기, 두께, 간격으로 성형한다.

⊚ 제품 평가표

제조 공정						제품 평가		
순서	세부항목	배점	순서	세부항목	배점	순서	세부항목	배점
1	계량시간	2	8	팬 준비	5	15	부피	8
2	재료손실	2	9	팬에 넣기	6	16	외부균형	8
3	정확도	2	10	굽기 관리	5	17	껍질	8
4	믹싱법	7	11	구운 상태	4	18	내상	8
5	반죽상태	7	12	팬 빼기	2	19	맛과 향	8
6	반죽온도	5	13	정리정돈 및 청소	4			
7	비중	5	14	개인위생	4			

슈크림

Choux à La Créme

: 블렌딩법

요구사항

■ 슈크림을 제조하여 제출하시오.

1. 배합표의 껍질 재료를 계량하여 재료별로 진열하시오(5분).

2. 껍질 반죽은 수작업으로 하시오.

3. 반죽은 직경 3cm 전후의 원형으로 짜시오.

4. 껍질에 알맞은 양의 크림을 넣어 제품을 완성하시오.

5. 반죽은 전량을 사용하여 성형하시오.

배합표

1. 슈 껍질

구분	재료	비율(%)	무게(g)
1	물	125	325
2	버터	100	260
3	소금	1	(2)
4	중력분	100	260
5	달걀	200	520
합계		526	1,367

2. 충전용 크림-반죽 속에 충전

구분	재료	비율(%)	무게(g)
1	충전용 크림	500	1300
합계		500	1300

수험자 유의사항

1. 시험시간은 재료계량시간이 포함된 시간이다.

2. 안전사고가 없도록 유의한다.

3. 의문 사항이 있으면 감독위원에게 문의하고, 감독위원의 지시에 따른다.

4. 다음과 같은 경우에는 채점 대상에서 제외된다.

   ① 시험시간 내에 작품을 제출하지 못한 경우

   ② 시험시간 내에 제출된 작품이라도 다음과 같은 경우

      · 작품의 가치가 없을 정도로 타거나 익지 않은 경우

      · 요구사항을 준수하지 않았을 경우

      · 지급된 재료 이외의 재료를 사용한 경우

   ③ 시험 중 시설·장비의 조작 또는 재료의 취급이 미숙하여 위해를 일으킬 것으로 감독위원 전원이 합의하여 판단한 경우

   ④ 항목별 배점: 제조 공정 60점, 제품평가 40점

제조 공정

1. 재료 계량

재료를 담을 용기의 무게를 측정하여 기록하고, 전 재료를 제한시간 내에 손실과 오차 없이 정확히 계량하여 재료별로 진열한다.

🏷 제한시간 내에 재료 손실이 없이 전 재료를 정확하게 계량하면 만점, 시간을 초과하면 0점 처리한다.

2. 전처리

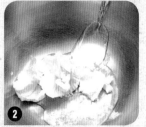

가루재료 중력분을 30cm 정도의 높이에서 체질하여 재료에 공기를 혼입시키며, 이물질을 제거한다. ❶

3. 반죽

① 스테인리스 볼에 물, 소금, 버터를 넣고 불 위에서 끓인다. ❷

② 버터가 녹으면 체질한 중력분을 넣고 잘 저으면서 호화시킨 후 불에서 내린 후 잘 섞여지면 중간 불에서 다시 가열하여 익힌다. ❸, ❹, ❺

🏷 반죽이 매끄럽게 보이면서 충분히 한 덩어리로 뭉칠 때까지 반죽을 충분히 익힌다.

③ 불에서 내려 60℃ 정도로 식힌 후 달걀을 6~8회 정도로 조금씩 나누어 넣으면서 거품기로 혼합하여 반죽의 되기를 조절하고, 반죽에 끈기가 생기도록 한다. ❻, ❼

④ 탄산수소암모늄을 물에 녹여 넣고 섞어준다.

4. 정형 및 팬닝

① 짤주머니에 직경 1cm의 둥근 모양 깍지를 끼우고 반죽을 담는다.

② 얇게 기름칠한 평철판에 직경 3cm 정도의 크기로 서로 붙지 않을 정도의 일정한 간격을 유지하며 짠다. ❽

③ 반죽 표면이 완전히 젖도록 물을 뿌려준다. ❾

④ 손가락에 물을 묻히고 반죽의 꼭지 부분을 살짝 눌러 없애준다. ❿

5. 굽기

① 오븐 온도: 윗불 160~180℃, 밑불 200~150℃

② 시간: 20~30분

🏷 굽는 시간보다는 상태로 판단하며 슈의 공기집이 잘 형성되도록 굽기 초기에는 밑불(200℃)을 강하게 하고, 윗불(160℃)을 약하게 하여 반죽의 팽창을 좋게 하다가 색이 나기 시작하면 밑불(150℃)을 약하게 조절하고 윗불

(180℃)로 굽는다.

※ 예열이 충분치 않거나 밑불 온도가 낮으면 공기집이 제대로 형성되지 않고, 굽기 초기에 오븐 문을 열면 제품이 부풀지 못하고 가라앉으므로 굽기 초기에는 오븐 문을 열지 않는다.

🔖 슈 껍질의 표면에 수분이 없어질 때까지 건조시키며 구워야 모양이 찌그러지지 않는다.

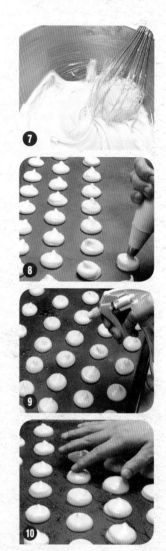

6. 충전용 크림(커스터드 크림) 만들기

① 스테인리스 볼에 설탕, 옥수수전분을 넣고 거품기로 잘 섞은 다음 노른자를 넣고 섞는다.

② 다른 용기에 우유를 넣어 80℃ 정도로 데운다.

③ 데운 우유를 ①에 넣고 골고루 섞는다.

④ 센 불에 올려 바닥이 눕지 않게 잘 저어주면서 호화시킨다.

🔖 센 불에서 단시간에 끓여야 크림 상태가 좋으며 크림이 보글보글 끓기 시작하면 1~2분 지난 후 불에서 내린다.

⑤ 뜨거울 때 버터를 넣어 부드러운 크림 상태로 만든다.

⑥ 식힌 후 향과 럼주를 넣고 잘 섞어준다.

7. 크림 충전하기

① 슈의 터진 부분에 작은 구멍을 낸다.

② 짤주머니에 크림을 담아 슈에 충전한다.

1. 중력분을 완전히 호화시킨다.
2. 호화시킬 때 타지 않도록 바닥을 저어준다.
3. 달걀은 호화가 잘 되었으면 적게, 호화가 덜 되었으면 많이 들어간다.
4. 분무기가 없을 때에는 계량컵으로 물을 부어서 침지시킨 후 따라낸다.

🔘 제품 평가표

제조 공정						제품 평가		
순서	세부항목	배점	순서	세부항목	배점	순서	세부항목	배점
1	계량시간	2	8	물분무	5	14	부피	8
2	재료손실	2	9	굽기 관리	4	15	외부균형	8
3	정확도	2	10	구운 상태	9	16	껍질	8
4	반죽혼합순서	7	11	충전크림 충전하기	6	17	내상	8
5	반죽상태	9	12	정리정돈 및 청소	2	18	맛과 향	8
6	정형준비	3	13	개인위생	2			
7	정형상태	2						

브라우니

Brownie

: 반죽형 반죽

요구사항

■브라우니를 제조하여 제출하시오.

1. 배합표의 각 재료를 계량하여 재료별로 진열하시오(9분).

2. 브라우니는 수작업으로 반죽하시오.

3. 버터와 초콜릿을 함께 녹여서 넣는 1단계 변형반죽법으로 하시오.

4. 반죽온도는 27℃를 표준으로 하시오.

5. 반죽은 전량을 사용하여 성형하시오.

6. 3호 원형 팬 2개에 팬닝하시오.

7. 호두의 반은 반죽에 사용하고 나머지 반은 토핑하며, 반죽 속과 윗면에 골고루 분포되게 하시오(호두는 구워서 사용한다).

배합표

구분	재료	비율(%)	무게(g)
1	중력분	100	300
2	달걀	120	360
3	설탕	130	390
4	소금	2	6
5	버터	50	150
6	다크초콜릿(커버춰)	150	450
7	코코아파우더	10	30
8	바닐라향	2	6
9	호두	50	150
합계		614	1842

수험자 유의사항

1. 시험시간은 재료 계량시간이 포함된 시간이다.

2. 안전사고가 없도록 유의한다.

3. 의문 사항이 있으면 감독위원에게 문의하고, 감독위원의 지시에 따른다.

4. 다음과 같은 경우에는 채점 대상에서 제외된다.

　① 시험시간 내에 작품을 제출하지 못한 경우

　② 시험시간 내에 제출된 작품이라도 다음과 같은 경우

　· 작품의 가치가 없을 정도로 타거나 익지 않은 경우

　· 요구사항을 준수하지 않았을 경우

　· 지급된 재료 이외의 재료를 사용한 경우

③ 시험 중 시설·장비의 조작 또는 재료의 취급이 미숙하여 위해를 일으킬 것으로 감독위원 전원이 합의하여 판단한 경우

④ 항목별 배점: 제조 공정 60점, 제품평가 40점

제조 공정

1. 재료 계량

① 재료를 담을 용기의 무게를 측정하여 기록하고, 재료별로 계량하여 진열한다. ❶

② 전 재료를 제한시간 내에 손실과 오차 없이 정확히 계량하여 감점을 당하지 않도록 한다.

▶ 제한시간 내에 재료를 계량하면 만점이지만 시간을 초과하면 0점 처리된다.

▶ 재료 손실이 없으면 만점이지만 계량대, 재료대, 바닥 등에 흘리는 재료가 있으면 0점 처리된다.

▶ 전 재료를 정확하게 계량하였으면 만점이지만, 1개의 오차가 있어도 0점 처리된다.

2. 전처리

① 가루재료(중력분, 코코아파우더, 바닐라향)를 30cm 정도의 높이에서 체질하여 재료를 골고루 분산시키고, 재료에 공기를 혼입시키며, 이물질을 제거한다.

② 호두를 살짝 구워준다(오븐에 구워도 된다).

③ 다크초콜릿을 잘게 자른 다음 중탕(50℃)으로 녹인다.

④ 버터를 중탕(60℃)으로 녹인다.

3. 반죽

① 스테인리스 볼에 달걀을 넣고 거품기로 잘 풀어준 다음 설탕, 소금을 넣고 천천히 믹싱하다가 설탕이 어느 정도 용해될 때까지 믹싱한다. ❷

▶ 믹싱 완료시점은 반죽이 밝은 미색을 띠며, 반죽을 찍어 들어 올렸을 때 일정한 간격을 유지하며 천천히 뚝뚝 떨어질 정도까지 믹싱한다.

② 믹싱의 완료시점에는 믹싱 속도를 저속으로 낮추어 믹싱(1~2분 정도)하면서 크게 형성된 기포를 작고 균일하게 해준다. ❸

③ 중탕으로 용해한 다크초콜릿을 넣고 섞는다. ❹

④ 중탕으로 용해한 버터를 넣고 섞는다.

⑤ 체질한 가루재료(중력분, 코코아파우더, 바닐라향)를 넣고 나무주걱으로 가볍게 섞는다.

⑥ 미리 구워 놓은 호두분태 1/2를 혼합한다. ❺

4. 성형 및 팬닝

① 3호팬 2개에 팬닝하고 윗면에 평평하게 만든다.  ❻

② 남은 1/2 호두분태를 윗면에 골고루 뿌려준다. ❼

5. 굽기

① 오븐 온도: 윗불 170℃, 밑불 150℃

② 시간: 30~35분

1. 완제품이 찌그러짐 없이 중앙이 좌우대칭을 이루어야 한다.
2. 전체적으로 짙은 초콜릿색을 띠어야 한다.
3. 속에 줄무늬가 없어야 된다.

🕐 제품 평가표

제조 공정						제품 평가		
순서	세부항목	배점	순서	세부항목	배점	순서	세부항목	배점
1	계량시간	2	8	팬 준비	8	14	부피	8
2	재료손실	2	9	팬에 넣기	5	15	외부균형	8
3	정확도	2	10	굽기 관리	5	16	껍질	8
4	반죽혼합순서	4	11	구운 상태	7	17	내상	8
5	반죽상태	8	12	정리정돈 및 청소	4	18	맛과 향	8
6	초코칩 섞기	5	13	개인위생	4			
7	반죽온도	4						

과일
케이크

Fruit Cake

: 복합형 반죽—크림법과 별립법

요구사항

■ 과일케이크를 제조하여 제출하시오.

1. 배합표의 각 재료를 계량하여 재료별로 진열하시오(13분).
2. 반죽은 별립법으로 제조하시오.
3. 반죽온도는 23℃를 표준으로 하시오.
4. 제시한 팬에 알맞도록 분할하시오.
5. 반죽은 전량을 사용하여 성형하시오.

배합표

구분	재료	비율(%)	무게(g)
1	박력분	100	500
2	설탕	90	450
3	마가린	55	275
4	달걀	100	500
5	우유	18	90
6	베이킹파우더	1	5
7	소금	1.5	(8)
8	건포도	15	75
9	체리	30	150
10	호두	20	100
11	오렌지필	13	65
12	럼주	16	80
13	바닐라향	0.4	2
합계		459.9	2,300

수험자 유의사항

1. 시험시간은 재료 계량시간이 포함된 시간이다.
2. 안전사고가 없도록 유의한다.
3. 의문 사항이 있으면 감독위원에게 문의하고, 감독위원의 지시에 따른다.
4. 다음과 같은 경우에는 채점 대상에서 제외된다.
   ① 시험시간 내에 작품을 제출하지 못한 경우
   ② 시험시간 내에 제출된 작품이라도 다음과 같은 경우
   · 작품의 가치가 없을 정도로 타거나 익지 않은 경우
   · 요구사항을 준수하지 않았을 경우
   · 지급된 재료 이외의 재료를 사용한 경우
   ③ 시험 중 시설·장비의 조작 또는 재료의 취급이 미숙하여 위해를 일으킬 것으로 감독위원 전원이 합의하여 판단한 경우
   ④ 항목별 배점: 제조 공정 60점, 제품평가 40점

제조 공정

1. 재료 계량

재료를 담을 용기의 무게를 측정하여 기록하고, 전 재료를 제한시간 내에 손실과 오차 없이 정확히 계량하여 재료별로 진열한다.

📌 제한시간 내에 재료 손실이 없이 전 재료를 정확하게 계량하면 만점, 시간을 초과하면 0점 처리한다.

2. 전처리

가루재료(박력분, 베이킹파우더, 바닐라향)를 가볍게 혼합하여 30cm 정도의 높이에서 체질하여 재료를 골고루 분산시키고, 재료에 공기를 혼입시키며, 이물질을 제거한다.

3. 과일 충전물 전처리

① 호두는 잘게 부수어 오븐에서 살짝 구워둔다.
② 구운 호두와 건포도, 체리, 오렌지 필을 잘게 잘라서 럼주에 버무려 둔다. ❶

4. 반죽

① 달걀을 흰자와 노른자로 분리한다. ❷

📌 흰자에 노른자가 섞이지 않도록 주의한다.

② 크림 반죽과 머랭 반죽

▪ 크림 반죽: 마가린을 부드럽게 풀어준 후 설탕(1/2), 소금을 넣고 크림 상태로 만든 다음 달걀노른자를 조금씩 투입하면서 크림화시킨다. ❸

📌 크림색이 밝은 미색을 띠면서 윤기가 나는 정도여야 좋다.

▪ 머랭 반죽: 기름기가 없는 깨끗한 볼에 흰자를 넣고 50~60% 정도 거품을 올린 다음, 설탕(1/2)을 조금씩 넣으면서 계속 믹싱하여 중간 피크(80~90%) 정도의 머랭을 만든다. ❹

③ 크림 반죽에 전처리된 충전물을 고루 섞는다. ❺

📌 충전물은 물기를 제거한 뒤 밀가루에 버무려 사용하면 어느 정도 밑으로 가라앉는 것을 방지할 수 있다.

④ 충전물이 섞인 크림 반죽에 머랭 반죽(1/2)을 넣고 머랭의 거품이 꺼지지 않을 정도로 섞는다. ❻

⑤ 우유를 넣고 혼합한다. ❼

⑥ 체질한 가루재료를 넣고 혼합한다. ❽

📌 밀가루의 덩어리가 생기지 않도록 주의한다.

⑦ 나머지 머랭(1/2)을 첨가하여 거품이 많이 꺼지지 않도록 가볍게 섞는다. ❾

⑧ 반죽온도: 23℃

▶ 비중을 적용할 경우: 0.80±0.05

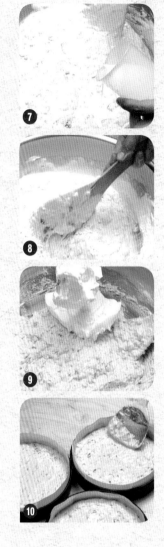

5. 팬닝

원형 팬의 안쪽에 기름종이를 옆면과 밑면에 깔고, 반죽을 팬 부피의 80% 정도 팬닝하고, 고무주걱으로 윗면을 평평하게 고르면서 큰 기포를 없애준다. ❿

▶ 팬의 옆면에 두르는 기름종이는 팬의 높이보다 조금 더 올라오게 하며, 팬닝 후 오븐에 넣기 전에 중간을 약간 오 목하게 해 주면 유지가 가운데로 모이는 것을 어느 정도 방지할 수 있다.

▶ 과일 충전물로 인하여 부피 팽창이 작으므로 일반 케이크에 비해 조금 많이 담는다.

6. 굽기

① 오븐 온도: 윗불 170℃, 밑불 160℃

② 시간: 30~35분

▶ 제품의 시각적 효과를 높이기 위하여, 과일 충전물의 일부를 팬닝한 반죽의 표면에 얹어서 굽기도 한다.

③ 오븐의 위치에 따라 온도 차이가 생기므로 일정시간이 경과 후 팬의 위치를 바꾸어 전체 제품의 색깔이 균일하게 유지되도록 한다.

1. 충전물(오렌지필, 체리, 건포도, 호두)을 미리 럼주에 버무려 전처리한 후 다시 소량의 밀가루로 재전처리한다.
2. 크림법으로 만들 때 노른자는 소량씩 넣어 분리현상을 방지한다.
3. 흰자로 머랭을 만들 때 중간피크(80%)의 머랭을 만든다.
4. 팬닝 후 작업대에 충격을 주어 일정한 기포를 만들어서 오븐에 넣는다.

🍳 제품 평가표

제조 공정						제품 평가		
순서	세부항목	배점	순서	세부항목	배점	순서	세부항목	배점
1	계량시간	2	9	반죽상태	5	17	부피	8
2	재료손실	2	10	반죽온도	2	18	외부균형	8
3	정확도	2	11	팬 준비	3	19	껍질	8
4	달걀분리	3	12	팬에 넣기	5	20	내상	8
5	크림법 여부	3	13	굽기 관리	4	21	맛과 향	8
6	충전물 전처리	3	14	구운 상태	5			
7	머랭 제조	5	15	정리정돈 및 청소	4			
8	혼합순서	6	16	개인 위생	4			

파운드
케이크

Pound Cake

: 반죽형 반죽-크림법

수험자 유의사항

1. 시험시간은 재료계량시간이 포함된 시간이다.
2. 안전사고가 없도록 유의한다.
3. 의문 사항이 있으면 감독위원에게 문의하고, 감독위원의 지시에 따른다.
4. 다음과 같은 경우에는 채점 대상에서 제외된다.
   ① 시험시간 내에 작품을 제출하지 못한 경우
   ② 시험시간 내에 제출된 작품이라도 다음과 같은 경우
      · 작품의 가치가 없을 정도로 타거나 익지 않은 경우
      · 요구사항을 준수하지 않았을 경우
      · 지급된 재료 이외의 재료를 사용한 경우
   ③ 시험 중 시설·장비의 조작 또는 재료의 취급이 미숙하여 위해를 일으킬 것으로 감독위원 전원이 합의하여 판단한 경우
   ④ 항목별 배점: 제조 공정 60점, 제품평가 40점

요구사항

■ 파운드 케이크를 제조하여 제출하시오.

1. 배합표의 각 재료를 계량하여 재료별로 진열하시오(11분).
2. 반죽은 크림법으로 제조하시오.
3. 반죽온도는 23℃를 표준으로 하시오.
4. 반죽의 비중을 측정하시오.
5. 윗면을 터뜨리는 제품을 만드시오.
6. 달걀물을 제조하여 윗면에 칠하시오.
7. 반죽은 전량을 사용하여 성형하시오.

배합표

1. 반죽

구분	재료	비율(%)	무게(g)
1	박력분	100	800
2	설탕	80	640
3	버터	60	480
4	쇼트닝	20	160
5	유화제	2	16
6	소금	1	8
7	물	20	160
8	탈지분유	2	16
9	바닐라향	0.5	4
10	B.P	2	16
11	달걀	80	640
합계		376.5	2940

2. 달걀물

구분	재료	비율(%)	무게(g)
1	달걀물	6	48
합계		6	48

제조 공정

1. 재료 계량

재료를 담을 용기의 무게를 측정하여 기록하고, 전 재료를 제한시간 내에 손실과 오차 없이 정확히 계량하여 재료별로 진열한다.

🔖 제한시간 내에 재료 손실이 없이 전 재료를 정확하게 계량하면 만점, 시간을 초과하면 0점 처리한다.

2. 전처리

가루재료(박력분, 베이킹파우더, 탈지분유, 바닐라향)를 가볍게 혼합하여 30cm 정도의 높이에서 체질하여 재료를 골고루 분산시키고, 재료에 공기를 혼입시키며, 이물질을 제거한다. ❶

3. 반죽

① 믹싱 볼에 쇼트닝을 넣고 부드럽게 풀어준 뒤 설탕, 소금, 유화제를 넣고 믹싱하여 크림 상태로 만든다. ❷

🔖 설탕이 녹지 않으면 제품의 윗면에 반점의 형태로 나타날 수 있으므로 반죽의 온도가 낮으면 믹싱 볼 아래에 더운 물로 받쳐준다.

② 달걀을 조금씩 넣어가며(3~4회) 부드러운 크림 상태로 만든다. ❸

🔖 달걀을 첨가하는 동안에 크림이 분리되지 않도록, 투입속도를 조절하며 믹싱 볼의 바닥과 안쪽을 고무주걱으로 긁어주어 반죽이 전체적으로 고루 섞이게 한다.

③ 충분히 크림화가 되어 가면 물 1/2을 조금씩 투입하여 저속 또는 중속으로 믹싱한다. ❹

④ ③의 반죽에 체질해 놓은 가루재료를 손 또는 기계를 이용하여 가볍게 혼합한다. ❺

🔖 가루혼합은 기계를 이용할 시 저속으로(1단) 혼합한다.

⑤ ④의 반죽에 나머지 물 1/2을 조금씩 첨가하여 부드러운 반죽을 완성한다.

🔖 반죽의 비중 측정법

반죽의 비중 = 같은 용적의 반죽중량 ÷ 같은 용적의 물 중량

비중 컵을 이용하여 같은 용적의 반죽 중량과 물의 중량을 측정하여, 반죽중량을 물의 중량으로 나누면 비중이 된다.

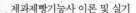

제과제빵기능사 이론 및 실기

⑥ 반죽온도: 23℃, 비중: 0.75~0.80

4. 팬닝

파운드 팬의 안쪽에 기름종이를 깔고, 반죽을 팬 부피의 70~75% 정도 팬닝하고,
고무주걱으로 윗면을 평평하게 고르면서 큰 기포를 없애준다. ❻, ❼

5. 굽기

① 오븐 온도: 윗불 200℃, 밑불 180℃

② 시간: 30~40분

　굽기 시작 후 10~15분이 지나고, 윗면에 색이 나면 기름 묻힌 스패츌러나 커
터 칼로 중앙을 0.5~1cm 깊이로 길게 터뜨리고, 평철판을 뒤집어 뚜껑으로 하
여 20~25분 정도 굽기를 한 후 제품의 구운 색과 익은 상태를 확인한다. ❽, ❾

🔖 터뜨릴 때 양 끝은 1cm 정도 남겨둔다. 껍질이 너무 두껍지 않고 색이 너무 진하지 않게 평철판을 덮어 굽는다.

6. 마무리

파운드 케이크 윗면에 붓으로 노른자 물(노른자 100%: 물 30%)을 발라준다. ❿

🔖 노른자 물을 만들 때 거품이 생기지 않도록 주의한다.

🧤 1. 크림화가 오버믹싱되면 비중이 가벼워져 윗면에 기포가 생기고 터짐 현상이 일어난다.
　2. 달걀을 조금씩 나누어 넣어(2~3회) 분리현상을 방지한다.
　3. 윗면을 자를 때 기름 묻힌 스패츌러로 좌우대칭이 되도록 가운데를 자른다.
　4. 철판으로 뚜껑을 덮을 경우에는 높은 온도로, 뚜껑을 덮지 않을 경우에는 낮은 온도로
　　 굽는다.

⏱ 제품 평가표

제조 공정						제품 평가		
순서	세부항목	배점	순서	세부항목	배점	순서	세부항목	배점
1	계량시간	2	9	팬에 넣기	4	16	부피	8
2	재료손실	2	10	굽기 관리	2	17	외부균형	8
3	정확도	2	11	윗면 터트리기	4	18	껍질	8
4	믹싱법	6	12	구운 상태	6	19	내상	8
5	반죽상태	7	13	노른자 칠하기	4	20	맛과 향	8
6	반죽온도	5	14	정리정돈 및 청소	4			
7	비중	5	15	개인위생	4			8
8	팬 준비	3						

다쿠아즈

Dacquoise

: 거품형 쿠키-머랭법

요구사항

■ **다쿠아즈를 제조하여 제출하시오.**

1. 배합표의 각 재료를 계량하여 재료별로 진열하시오(5분).
2. 머랭을 사용하는 반죽을 만드시오.
3. 표피가 갈라지는 다쿠아즈를 만드시오.
4. 다쿠아즈 2개를 크림으로 샌드하여 1조의 제품으로 완성하시오.
5. 반죽은 전량을 사용하여 성형하시오.

배합표

1. 다쿠아즈

구분	재료	비율(%)	무게(g)
1	달걀흰자	100	330
2	설탕	30	99
3	아몬드분말	60	198
4	분당	50	165
5	박력분	16	52.8
합계		256	844.8

2. 샌드용 크림

구분	재료	비율(%)	무게(g)
1	샌드용 크림	66	217.8
합계		66	217.8

수험자 유의사항

1. 시험시간은 재료 계량시간이 포함된 시간이다.
2. 안전사고가 없도록 유의한다.
3. 의문 사항이 있으면 감독위원에게 문의하고, 감독위원의 지시에 따른다.
4. 다음과 같은 경우에는 채점 대상에서 제외된다.
   ① 시험시간 내에 작품을 제출하지 못한 경우
   ② 시험시간 내에 제출된 작품이라도 다음과 같은 경우
      · 작품의 가치가 없을 정도로 타거나 익지 않은 경우
      · 요구사항을 준수하지 않았을 경우
      · 지급된 재료 이외의 재료를 사용한 경우
   ③ 시험 중 시설·장비의 조작 또는 재료의 취급이 미숙하여 위해를 일으킬 것으로 감독위원
      전원이 합의하여 판단한 경우
   ④ 항목별 배점: 제조 공정 60점, 제품평가 40점

제조 공정

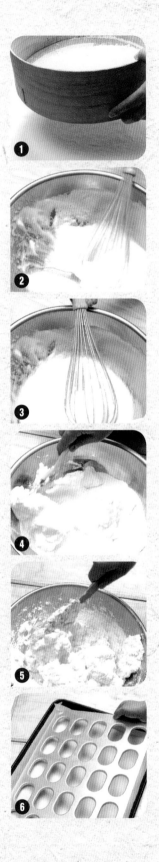

1. 재료 계량

재료를 담을 용기의 무게를 측정하여 기록하고, 전 재료를 제한시간 내에 손실과 오차 없이 정확히 계량하여 재료별로 진열한다. ❶

📌 제한시간 내에 재료 손실이 없이 전 재료를 정확하게 계량하면 만점, 시간을 초과하면 0점 처리한다.

2. 전처리

가루재료(박력분, 아몬드 분말, 분당)를 가볍게 혼합하여 30cm 정도의 높이에서 체 질하여 재료를 골고루 분산시키고, 재료에 공기를 혼입시키며, 이물질을 제거한다.

3. 반죽

① 스테인리스 볼에 흰자를 넣고 거품기를 사용하여 60% 정도 거품을 올린다. ❷
② 설탕을 3~4회 조금씩 나누어 넣으면서 95~100%의 튼튼한 머랭을 만든다. ❸
③ 체질한 가루재료에 머랭 1/3 정도를 넣고 나무주걱으로 균일하게 섞은 후 나 머지 머랭을 넣어 머랭이 보이지 않을 정도만 가볍게 섞는다. ❹, ❺

4. 성형 및 팬닝

① 평철판에 실리콘 페이퍼를 깔고 그 위에 다쿠아즈 틀을 올려놓는다. ❻
② 원형 모양 깍지를 끼운 짤주머니를 이용하여 반죽을 다쿠아즈 틀에 짜 넣거 나, 다쿠아즈 틀 중앙에 반죽이 조금 넘치도록 일정량 짜 놓는다. ❼
③ 스패츌러를 이용하여 반죽을 수평으로 고르게 펼치면서 다쿠아즈 틀 안에 반죽이 채워지도록 한다. ❽
④ 다쿠아즈 틀을 들어 올려서 반죽을 남게 한 후 반죽 윗면에 고운체를 사용하 여 분당을 뿌린다. ❾, ❿

5. 굽기

① 오븐 온도: 윗불 180℃, 밑불 160℃
② 시간: 15~20분

6. 크림 제조

① 스테인리스 볼에 설탕과 물을 넣고 가열하면서 갈색의 캐러멜을 만든다.

② 캐러멜이 뜨거울 때 생크림을 투입하여 균일하게 섞은 후 냉각시킨다.

③ 부드럽게 풀어준 버터를 넣고 고르게 섞어 크림 상태로 만든다.

7. 마무리

① 구워낸 다쿠아즈에 도구를 이용하여 캐러멜 크림으로 샌드하여 다른 하나의 다쿠아즈와 맞붙여 2개 1조의 제품으로 만든다.

② 분당을 뿌린 면이 겉으로 나오게 한다.

1. 머랭은 중간피크(80%) 상태로 만든다.
2. 머랭과 가루재료의 혼합상태가 너무 질어지면 제품이 퍼질 수 있다(머랭이 조금 남아 있을 때까지만 섞는다).
3. 실리콘페이퍼 또는 위생지에 짠다.
4. 분당을 체로 친 후 바로 오븐에 넣고 굽는다.

제품 평가표

제조 공정						제품 평가		
순서	세부항목	배점	순서	세부항목	배점	순서	세부항목	배점
1	계량시간	2	8	팬 준비	5	15	부피	8
2	재료손실	2	9	팬에 넣기	5	16	외부균형	8
3	정확도	3	10	굽기 관리	5	17	껍질	8
4	믹싱법	6	11	구운 상태	6	18	내상	8
5	반죽상태	6	12	팬 빼기	2	19	맛과 향	8
6	반죽온도	5	13	정리정돈 및 청소	4			
7	비중	5	14	개인위생	4			

타르트

Tarte

: 반죽형 반죽-크림법

요구사항

■ **타르트를 제조하여 제출하시오.**

1. 배합표의 반죽용 재료를 계량하여 재료별로 진열하시오(5분).
   (토핑 등의 재료는 휴지시간을 활용하시오.)
2. 반죽은 크림법으로 제조하시오.
3. 반죽온도는 20℃를 표준으로 하시오.
4. 반죽은 냉장고에서 20~30분 정도 휴지를 주시오.
5. 반죽은 두께 3mm 정도 밀어 펴서 팬에 맞게 성형하시오.
6. 아몬드크림을 제조해서 팬(Ø10~12cm) 용적에 60~70% 정도 충전하시오.
7. 아몬드슬라이스를 윗면에 고르게 장식하시오.
8. 8개를 성형하시오.
9. 광택제로 제품을 완성하시오.

배합표

1. 반죽

구분	재료	비율(%)	무게(g)
1	박력분	100	400
2	달걀	25	100
3	설탕	26	104
4	버터	40	160
5	소금	0.5	2
합계		191.5	766

2. 충전물

구분	재료	비율(%)	무게(g)
1	아몬드분말	100	250
2	설탕	90	225
3	버터	100	250
4	계란	65	162.5
5	브랜디	12	30
합계		367	917.5

3. 광택제 및 토핑

구분	재료	비율(%)	무게(g)
1	에프리코트혼당	100	150
2	물	40	60
합계		140	210

4. 아몬드슬라이스

구분	재료	비율(%)	무게(g)
1	아몬드슬라이스	66.6	100
합계		66.6	100

제조 공정

1. 재료 계량

재료를 담을 용기의 무게를 측정하여 기록하고, 전 재료를 제한시간 내에 손실과 오차 없이 정확히 계량하여 재료별로 진열한다. ❶

📌 제한시간 내에 재료 손실이 없이 전 재료를 정확하게 계량하면 만점, 시간을 초과하면 0점 처리한다.

2. 전처리

가루재료(박력분)를 30cm 정도의 높이에서 체질하여 재료를 골고루 분산시키고, 재료에 공기를 혼입시키며, 이물질을 제거한다.

3. 반죽/충전물 만들기

① 반죽 만들기
- 버터를 풀어준다
- 설탕과 소금을 넣고 풀어준다.
- 달걀을 1개를 넣고 크림화시킨다.
- 체질한 박력분을 넣고 섞어준다. ❷
- 가루가 안 보이면 비닐에 올려놓고 손으로 치댄다.
- 휴지: 반죽을 얇게 눌러 펴고 표면이 마르지 않도록 비닐로 싸서 냉장고에서 20~30분간 휴지시킨다. ❸

② 충전물 만들기(크림법)
- 버터를 풀어준다. ❹
- 설탕을 넣고 풀어준다.
- 달걀을 1개씩 넣고 크림화시킨다. ❺
- 체친 아몬드 분말을 넣고 섞어준다.
- 브랜디를 넣고 섞어준다. ❻

4. 성형 및 팬닝

① 제품 만들기
- 반죽을 잘라 손으로 치댄다.
- 밀대를 이용하여 0.3cm로 밀어 편다. ❼

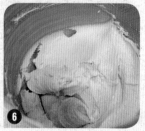

- 타르트 틀에 쇼트닝을 바른 후 팬닝한다. **❽**
- 포크로 바닥에 구멍을 낸다. **❾**
- 짤주머니에 원형 깍지를 넣고 충전물(아몬드크림)을 원형으로 짜 넣는다. **❿**
- 윗면에 슬라이스 아몬드를 뿌린다. **⓫**

② 광택제 만들기
- 살구잼과 물을 끓인다.
- 팬에서 제품을 분리한다.
- 광택제를 윗면에, 바른다.

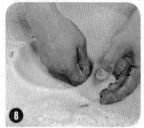

5. 굽기

① 오븐 온도: 윗불 170℃, 밑불 180℃
② 시간: 20분
③ 오븐의 위치에 따라 온도 차이가 있을 수 있으므로 일정시간 경과 후 팬의 위치를 바꾸어 주어 전체 제품의 색깔이 균일하게 되도록 한다.

1. 반죽을 냉장고에서 휴지를 시켜야 수축현상을 방지할 수 있다.
2. 박력분 혼합 시 오버믹싱이 되지 않도록 한다.
3. 포크로 바닥에 구멍을 내어 반죽과 팬 사이에 공기가 들어가지 않도록 한다.
4. 구울 때 아래불이 높아야 색이 고르게 난다.

제품 평가표

순서	세부항목	배점	순서	세부항목	배점	순서	세부항목	배점
	제조 공정						제품 평가	
1	계량시간	2	10	충전물 넣기	4	18	부피	8
2	재료손실	2	11	정형	4	19	외부균형	8
3	정확도	2	12	굽기 관리	4	20	껍질	8
4	혼합순서	5	13	구운 상태	5	21	내상	8
5	반죽상태	5	14	광택제 만들기	2	22	맛과 향	8
6	껍질반죽휴지	3	15	광택제 바르기	4			
7	충전물 만들기	3	16	정리정돈 및 청소	4			
8	밀어 펴기	5	17	개인위생	4			
9	밑껍질작업	2						

사과
파이

Apple Pie

: 무팽창-블렌딩법

요구사항

■ 사과 파이를 제조하여 제출하시오.

1. 배합표의 각 재료를 계량하여 재료별로 진열하시오(11분).
2. 반죽은 블렌딩법으로 제조하시오.
3. 반죽온도는 23℃를 표준으로 하시오.
4. 반죽의 비중을 측정하시오.
5. 제시한 팬에 알맞도록 분할하시오.
6. 반죽은 전량을 사용하여 성형하시오.

배합표

1. 껍질

구분	재료	비율(%)	무게(g)
1	중력분	100	400
2	설탕	3	12
3	소금	1.5	6
4	쇼트닝	55	220
5	탈지분유	2	8
6	냉수	35	140
합계		196.5	786

2. 충전물

구분	재료	비율(%)	무게(g)
1	사과	100	900
2	설탕	18	162
3	소금	0.5	4.5
4	계피가루	1	9
5	옥수수 전분	8	72
6	물	50	450
7	버터	2	18
합계		179.5	1615.5

수험자 유의사항

1. 시험시간은 재료 계량시간이 포함된 시간이다.
2. 안전사고가 없도록 유의한다.
3. 의문 사항이 있으면 감독위원에게 문의하고, 감독위원의 지시에 따른다.
4. 다음과 같은 경우에는 채점 대상에서 제외된다.
   ① 시험시간 내에 작품을 제출하지 못한 경우
   ② 시험시간 내에 제출된 작품이라도 다음과 같은 경우

· 작품의 가치가 없을 정도로 타거나 익지 않은 경우
· 요구사항을 준수하지 않았을 경우
· 지급된 재료 이외의 재료를 사용한 경우
③ 시험 중 시설·장비의 조작 또는 재료의 취급이 미숙하여 위해를 일으킬 것으로 감독위원 전원이 합의하여 판단한 경우
④ 항목별 배점: 제조 공정 60점, 제품평가 40점

제조 공정

1. 재료 계량

재료를 담을 용기의 무게를 측정하여 기록하고, 전 재료를 제한시간 내에 손실과 오차 없이 정확히 계량하여 재료별로 진열한다. ❶

🖐 제한시간 내에 재료 손실이 없이 전 재료를 정확하게 계량하면 만점, 시간을 초과하면 0점 처리한다.

2. 전처리

가루재료(중력분, 탈지분유)를 가볍게 혼합하여 30cm 정도의 높이에서 체질하여 재료를 골고루 분산시키고, 재료에 공기를 혼입시키며, 이물질을 제거한다.

3. 반죽

① 파이껍질 반죽

- 찬물에 설탕과 소금을 녹인다. ❷
- 체질한 가루재료 위에 쇼트닝을 얹어 작업대 위에서 스크레퍼를 이용하여 가루재료와 혼합해 가면서 쇼트닝 크기를 콩알 크기로 자른다. ❸
- 가운데를 우물 모양으로 움푹하게 만든 후, 설탕과 소금을 녹인 찬물을 붓고 가장자리 밀가루 혼합물을 중앙으로 밀어 넣으면서 균일하게 혼합해 한 덩어리로 만든다. ❹, ❺, ❻

🖐 반죽에 끈기가 생기지 않도록 하며 유지는 콩알 크기를 유지한 채 반죽 속에 남아 있어야 한다.

- 휴지: 반죽을 얇게 눌러 펴고 표면이 마르지 않도록 비닐로 싸서 냉장고에서 20~30분간 휴지시킨다. ❼

② 충전물 만들기

- 사과의 껍질과 씨를 제거하고 알맞은 크기로 자른 후 설탕물에 담가둔다.
- 설탕, 소금, 계피가루, 옥수수 전분을 골고루 혼합한 후 물을 첨가하여 중불에서 적당한 되기(걸쭉하게)가 될 때까지 끓여서 호화시킨다. **❽, ❾, ❿**
- 적당한 되기(걸쭉하게)가 되면 불에서 내려 버터를 넣고 섞는다. **⓫**
- 사과를 넣어 섞은 후 충분히 냉각시킨다. **⓬**

4. 성형 및 팬닝

① 전처리

파이팬의 내부에 쇼트닝을 얇게 바르고 덧가루를 뿌려 전처리 해둔다. **⓭, ⓮**

② 바닥용 파이 껍질 제조

- 휴지시킨 반죽을 파이팬의 크기에 맞게 적당한 분량으로 떼어내 0.3cm 두께로 밀어 편다. **⓯**
- 파이팬에 반죽(밑껍질)을 옮기고 밑면에 충전물이 잘 익도록 하기 위해 포크로 구멍을 뚫는다.

③ 덮개용 파이 껍질 제조

- 반죽을 0.2cm 두께로 밀어 편다.
- 1장짜리 덮개를 만들거나, 격자형으로 덮기 위해 폭 1cm 정도의 띠 모양으로 잘라둔다. **⓰**

🐤 파이 껍질을 덮는 방법에는 반죽을 윗부분에 전체적으로 덮는 방법, 반죽 자른 것을 격자 모양으로 엇갈리게 덮는 방법 등이 있다.

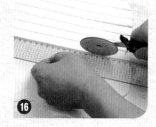

④ 충전물 채우기 및 파이 껍질 덮기

- 반죽을 깐 파이팬 안에 냉각된 충전물을 넣고, 바닥용 껍질의 테두리 부분에 붓으로 물 칠을 한다. ⑰
- 덮개용 반죽을 덮어씌우고, 위, 아래 반죽을 눌러 붙인 후 스크레이퍼를 이용하여 자투리 반죽을 잘라 낸다. ⑱
- 가장자리 부분의 자투리 반죽을 스크레이퍼 등의 기구를 이용하여 잘라 낸다. ⑲

⑤ 달걀노른자 칠

윗면에 달걀노른자 칠을 한다. ⑳

⑥ 구멍 내기

한 장짜리 덮개의 경우는 충전물이 끓으면서 발생된 수증기가 바깥으로 빠져나가도록 하기 위해 포크로 윗부분에 구멍을 낸다.

5. 굽기

① 오븐 온도: 윗불 180℃, 밑불 180℃

② 시간: 30분

③ 오븐의 위치에 따라 온도 차이가 있을 수 있으므로 일정시간 경과 후 팬의 위치를 바꾸어 주어 전체 제품의 색깔이 균일하게 되도록 한다.

🍞 손으로 윗부분을 살짝 눌렀을 때 단단한 느낌이 들면 다 익은 것이다.

Apple Pie

1. 반죽을 냉장고에서 휴지를 시켜야 수축현상을 방지할 수 있다.
2. 충전물의 양이 많으면 끓어 넘칠 수 있어 양을 알맞게 조절해야 한다.
3. 위 껍질이 있는 파이로 2개의 반죽으로 마름모 모양의 격자무늬를 만든다.
4. 구울 때 아래불이 높아야 색이 고르게 난다.

🍩 제품 평가표

제조 공정						제품 평가		
순서	세부항목	배점	순서	세부항목	배점	순서	세부항목	배점
1	계량시간	2	10	밀어 펴기	4	18	부피	8
2	재료손실	2	11	밑껍질작업	4	19	외부균형	8
3	정확도	2	12	충전물 넣기	4	20	껍질	8
4	믹싱법	5	13	정형	5	21	내상	8
5	반죽상태	5	14	굽기 관리	2	22	맛과 향	8
6	껍질반죽휴지	3	15	구운 상태	4			
7	사과 준비	3	16	정리정돈 및 청소	4			
8	페이스트조리	5	17	개인위생	4			
9	전체충전물	2						

퍼프 페이스트리

Puff Pastry

: 프랑스식법– 스트레이트법

요구사항

■ 퍼프 페이스트리를 제조하여 제출하시오.

1. 배합표의 각 재료를 계량하여 재료별로 진열하시오(6분).

2. 반죽은 스트레이트법으로 제조하시오.

3. 반죽온도는 20℃를 표준으로 하시오.

4. 접기와 밀어 펴기는 3겹, 접기 4회로 하시오.

5. 정형은 감독위원의 지시에 따라 하고 평철판을 이용하여 굽기를 하시오.

6. 반죽은 전량을 사용하여 성형하시오.

배합표

구분	재료	비율(%)	무게(g)
1	강력분	100	800
2	달걀	15	120
3	마가린	10	80
4	소금	1	8
5	찬물	50	400
6	충전용 마가린	90	720
합계		266	2,128

수험자 유의사항

1. 시험시간은 재료 계량시간이 포함된 시간이다.

2. 안전사고가 없도록 유의한다.

3. 의문 사항이 있으면 감독위원에게 문의하고, 감독위원의 지시에 따른다.

4. 다음과 같은 경우에는 채점 대상에서 제외된다.

   ① 시험시간 내에 작품을 제출하지 못한 경우

   ② 시험시간 내에 제출된 작품이라도 다음과 같은 경우

      · 작품의 가치가 없을 정도로 타거나 익지 않은 경우

      · 요구사항을 준수하지 않았을 경우

      · 지급된 재료 이외의 재료를 사용한 경우

   ③ 시험 중 시설·장비의 조작 또는 재료의 취급이 미숙하여 위해를 일으킬 것으로 감독위원 전원이 합의하여 판단한 경우

   ④ 항목별 배점: 제조 공정 60점, 제품평가 40점

제조 공정

1. 재료 계량

재료를 담을 용기의 무게를 측정하여 기록하고, 전 재료를 제한시간 내에 손실과 오차 없이 정확히 계량하여 재료별로 진열한다.

📌 제한시간 내에 재료 손실이 없이 전 재료를 정확하게 계량하면 만점, 시간을 초과하면 0점 처리한다.

2. 전처리

강력분을 체질하여 이물질을 제거하고 덩어리진 것을 풀어준다. ❶

3. 반죽

📌 퍼프 페이스트리 제조에는 휘퍼 대신 훅을 사용하여 믹싱한다. ❷

① 유지(마가린)와 충전용 유지를 제외한 전 재료(강력분+달걀+소금+물)를 믹싱 볼에 넣고, 저속으로 1~2분 정도 수화시키고 중속으로 믹싱한다.

② 클린업 단계에서 마가린을 투입한 후 믹싱하여 발전단계에서 믹싱을 완료한 다. ❸

📌 밀어 펴기 과정에서 글루텐이 많이 형성되므로, 믹싱을 조금 적게 한다.

③ 반죽온도: 20℃

4. 휴지

반죽이 두꺼우면 반죽의 내부 온도가 떨어지지 않으므로 반죽을 둥글리기 한 후 덧가루를 약간 뿌린 비닐 위에서 얇게 눌러 편 후 반죽이 마르지 않도록 비닐 로 반죽을 감싸, 냉장고(0~5℃)에서 30분 정도 휴지시킨다. ❹

5. 유지 충전 및 접어 밀기

① 충전용 유지가 냉장고에 보관되어 있는 경우는 단단하여 반죽 속에서 밀려 나가지 않으므로, 미리 실온에 꺼내어 반죽의 되기와 크기가 비슷하게 준비해둔다. ❺

② 냉장고에서 반죽을 꺼내어 두께가 일정하고 모서리가 직각이 되도록 정사각형으로 밀어 편다(충전용 유지를 반죽 위에 놓았을 때 감쌀 수 있을 정도의 크기). ❻

③ 밀어 편 반죽 위에 충전용 유지를 놓고 감싼 뒤 이음매를 잘 봉한 다음 밀대로 반죽을 눌러 충전용 유지와 밀착시킨다. ❼, ❽

④ 충전용 유지를 감싼 반죽을 밀어 펴면서 3겹 접기를 3~4회 실시하며 밀어 펴기 중에는 작업대 위에 덧가루를 뿌려 작업대와 반죽이 붙지 않도록 한다. ❾, ❿

⑤ 매회 밀어 펴기 하여 3겹 접기 한 후, 냉장고에서 20~30분간 휴지시킨다. ⓫

📌 휴지를 시킴으로써 반죽과 유지의 단단함 정도를 같게 하여 밀어 펴기를 쉽게 하고 충전용 유지가 녹아 흘러나오지 않게 한다.

🔼 전체 공정

반죽 만들기 ▶ 반죽휴지 ▶ 반죽 밀어 펴기 ▶ 충전용 유지 감싸기 ▶ 밀어 펴기 ▶ 3겹 접기(1회)
▶ 냉장 휴지(20~30분간) ▶ 밀어 펴기 ▶ 3겹 접기(2회) ▶ 냉장 휴지(20~30분간) ▶ 밀어 펴기
▶ 3겹 접기(3회) ▶ 냉장 휴지(20~30분간) ▶ 밀어 펴기 ▶ (성형)

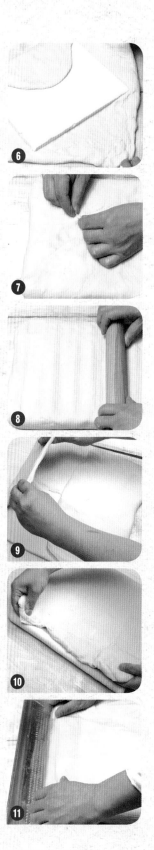

6. 성형

① 최종 밀어 펴기와 재단: 반죽을 두께 0.6~0.8cm, 세로 38cm, 가로 98cm 정도 되게 조정하면서 자투리 반죽을 고려하여 필요한 길이보다 조금 더 크게 밀어 편다.

② 파이커트(pastry wheel)를 이용하여 반죽을 가로 12cm, 세로 4.5cm 크기로 자른다(8줄 × 8단 = 64개).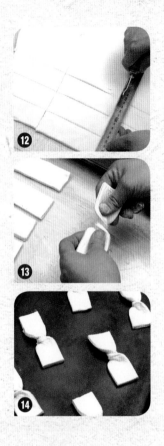

③ 나비넥타이 모양으로 정형 및 팬닝한다.

- 두 손으로 반죽의 양 끝을 잡고 가운데 부분을 비틀어(180˚ 또는 360˚) 준다. ⑬
- 평철판에 일정한 간격을 유지하며 놓는다. ⑭

7. 휴지

팬닝 후 실온에서 20~30분간 휴지시킨다.

5. 굽기

① 오븐 온도: 윗불 210℃, 밑불 170℃

② 시간: 10~15분

🔖 온도가 낮으면 반죽 층 사이의 유지가 흘러나와서 부피형성을 제대로 시켜주지 못하므로 오븐을 충분히 예열한 후 고온으로 단시간에 굽는다.

🔖 완전히 팽창할 때까지 오븐 문을 열지 않는다.

Puff Pastry

1. 반죽과 충전용 마가린의 되기가 같아야 밀어 펼 때 일정한 간격이 유지된다.
2. 반죽은 모서리가 직각인 상태로 밀어 펴야 충전용 마가린 층이 일정한 간격으로 유지된다.
3. 밀어 펴기와 접기를 할 때 덧가루는 최소한으로 사용하며, 매회 냉장 휴지를 시킨다.
4. 굽기 중 오븐 문을 열면 찬 공기가 들어가 제품이 주저앉게 된다.

제품 평가표

제조 공정						제품 평가		
순서	세부항목	배점	순서	세부항목	배점	순서	세부항목	배점
1	계량시간	2	9	휴지	2	17	부피	8
2	재료손실	2	10	3겹 접기와 휴지	6	18	외부균형	8
3	정확도	2	11	밀어 펴기	4	19	표피와 조직	8
4	믹싱법	5	12	정형	4	20	맛과 향	8
5	반죽상태	5	13	굽기 관리	2			
6	반죽온도	5	14	구운 상태	4			
7	밀어 펴기	4	15	정리정돈 및 청소	4			
8	피복용유지피복	3	16	개인위생	4			

시폰
케이크

Chiffon Cake

: 거품형 반죽–시폰법

요구사항

■시폰케이크(시폰법)를 제조하여 제출하시오.

1. 배합표의 각 재료를 계량하여 재료별로 진열하시오(10분).

2. 반죽은 시폰법으로 제조하고 비중을 측정하시오.

3. 반죽온도는 23℃를 표준으로 하시오.

4. 비중을 측정하시오.

5. 시폰 팬을 사용하여 반죽을 분할하고 굽기하시오.

6. 반죽은 전량 사용하여 성형하시오.

배합표

구분	재료	비율(%)	무게(g)
1	박력분	100	400
2	설탕A	65	260
3	설탕B	65	260
4	노른자	50	200
5	흰자	100	400
6	소금	1.5	6
7	주석산 크림	0.5	2
8	베이킹파우더	2.5	10
9	식용유	40	160
10	물	30	120
합계		454.5	1,818

수험자 유의사항

1. 시험시간은 재료 계량시간이 포함된 시간이다.

2. 안전사고가 없도록 유의한다.

3. 의문 사항이 있으면 감독위원에게 문의하고, 감독위원의 지시에 따른다.

4. 다음과 같은 경우에는 채점 대상에서 제외된다.

　① 시험시간 내에 작품을 제출하지 못한 경우

　② 시험시간 내에 제출된 작품이라도 다음과 같은 경우

　　· 작품의 가치가 없을 정도로 타거나 익지 않은 경우

　　· 요구사항을 준수하지 않았을 경우

　　· 지급된 재료 이외의 재료를 사용한 경우

　③ 시험 중 시설·장비의 조작 또는 재료의 취급이 미숙하여 위해를 일으킬 것으로 감독위원
　　전원이 합의하여 판단한 경우

　④ 항목별 배점: 제조 공정 60점, 제품평가 40점

1. 재료 계량

재료를 담을 용기의 무게를 측정하여 기록하고, 전 재료를 제한시간 내에 손실과 오차 없이 정확히 계량하여 재료별로 진열한다.

📌 제한시간 내에 재료 손실이 없이 전 재료를 정확하게 계량하면 만점, 시간을 초과하면 0점 처리한다.

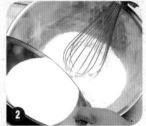

2. 전처리

가루재료(박력분, 베이킹파우더)를 가볍게 혼합하여 30cm 정도의 높이에서 체질하여 재료를 골고루 분산시키고, 재료에 공기를 혼입시키며, 이물질을 제거한다. ❶

3. 반죽

① 체질한 가루재료에 설탕A, 소금을 균일하게 섞는다. ❷

② 노른자를 잘 풀고 식용유를 혼합한 후 ①의 가루 재료에 투입하여 골고루 섞는다. ❸, ❹, ❺

📌 노른자는 거품을 올리지 않는다.

③ 물에 오렌지향을 섞고 ②의 반죽에 조금씩 넣으면서 덩어리가 생기지 않도록 매끄러운 크림을 만든다. ❻, ❼

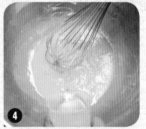

④ 머랭 반죽: 기름기가 없는 깨끗한 볼에 흰자와 주석산 크림을 넣고 50~60% 정도 거품을 올린 다음, 설탕B를 조금씩 넣으면서 계속 믹싱하여 중간피크 (80~90%) 정도의 머랭을 만든다. ❽, ❾, ❿

⑤ 머랭을 2~3회에 나누어 ③의 반죽에 넣고 가볍게 섞는다.

📌 머랭 거품이 살아 있으면서 전 재료가 균일하게 혼합되도록 한다.

⑥ 반죽온도: 23℃, 비중: 0.45±0.05

4. 팬닝

① 팬 준비: 시폰 팬의 내부에 팬 기름을 발라주거나, 분무기로 물을 고르게 뿌린 다음 과잉의 물기가 빠지게 엎어놓는다. ⓫

📌 팬 기름(pan spread)
쇼트닝:전분(밀가루) = 1:1의 비율로 섞은 것이다.

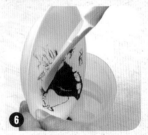

② 팬 바닥에 공기층이 생기지 않게, 팬 부피의 60% 정도 반죽을 채운다. ⓬

제과제빵기능사 이론 및 실기

시폰 팬에는 안쪽에 기름칠을 하지 않고 물을 뿌리거나 팬 기름을 바른 후 반죽을 넣어야 제품이
주저앉지 않는다. 팬의 내부에 기름을 바르면, 흰자가 주재료인 머랭 거품이 기름과 섞이면서 거품
이 꺼지기 쉽기 때문이다.

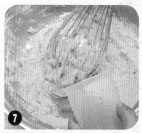

📑 짤주머니에 반죽을 담아 짜서 팬닝하거나, 작은 볼에 반죽을 담아 부어서 팬닝한다. 짤주머니에 반죽을 담아 팬닝
할 때는 반죽이 나오는 입구를 가급적 넓게 하여, 반죽에 힘이 적게 받도록 한다.

③ 작업대 위에 팬을 살짝 떨어뜨려 큰 기포를 제거한다.

📑 감독위원의 요구사항에 따라 엔젤 팬, 원형 팬, 파운드 팬, 평철판에 팬닝할 수도 있다.

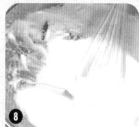

5. 굽기

① 오븐 온도: 윗불 180℃, 밑불 160℃

② 시간: 25~30분

③ 팬의 재질과 평철판의 사용 여부에 따라 온도를 달리할 수 있으며, 오븐의 위
　치에 따라 온도 차이가 생긴다. 일정시간이 경과 후 팬의 위치를 바꾸어 전체
　제품의 색깔이 균일하게 유지되도록 한다.

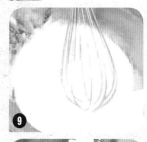

6. 팬에서 꺼내기

굽기 후 뒤집어서 5~10분간 식힌 다음 꺼낸다.

📑 굽기 후 즉시 뒤집어 식혀야 윗면이 찌그러지는 것을 방지할 수 있다.

🧤 1. 노른자는 거품을 만들지 않는다.
　2. 흰자에 주석산을 미리 풀어 놓는다(주석산을 밀가루와 체치지 않는다).
　3. 시폰 팬에 스프레이로 물을 분사하여 잘 빠지도록 준비한다.
　4. 시폰 팬을 냉각시킬 때 젖은 행주를 올려 빨리 식힌다.

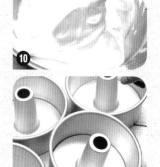

⊙ 제품 평가표

제조 공정						제품 평가		
순서	세부항목	배점	순서	세부항목	배점	순서	세부항목	배점
1	계량시간	2	8	팬 준비	5	15	부피	8
2	재료손실	2	9	팬에 넣기	6	16	외부균형	8
3	정확도	2	10	굽기 관리	5	17	껍질	8
4	믹싱법	7	11	구운 상태	4	18	내상	8
5	반죽상태	7	12	팬 빼기	2	19	맛과 향	8
6	반죽온도	5	13	정리정돈 및 청소	4			
7	비중	5	14	개인위생	4			

밤과자

Chestnut Bun

: 중탕법

요구사항

■ 밤과자를 제조하여 제출하시오.

1. 배합표의 각 재료를 계량하여 재료별로 진열하시오(10분).
2. 반죽은 중탕하여 냉각시킨 후 반죽온도는 20℃를 표준으로 하시오.
3. 반죽 분할은 20g씩 하고, 앙금은 45g으로 충전하시오.
4. 제품 성형은 밤 모양으로 하고 윗면은 달걀노른자와 캐러멜 색소를 이용하여 광택제를 칠하시오.
5. 반죽은 전량을 사용하여 성형하시오.

배합표

1. 반죽

구분	재료	비율(%)	무게(g)
1	박력분	100	300
2	달걀	45	135
3	설탕	60	180
4	물엿	6	18
5	연유	6	18
6	베이킹파우더	2	6
7	버터	5	15
8	소금	1	3
합계		225	675

2. 앙금

구분	재료	비율(%)	무게(g)
1	흰앙금	525	1575
2	참깨	13	39
합계		538	1611

수험자 유의사항

1. 시험시간은 재료 계량시간이 포함된 시간이다.
2. 안전사고가 없도록 유의한다.
3. 의문 사항이 있으면 감독위원에게 문의하고, 감독위원의 지시에 따른다.
4. 다음과 같은 경우에는 채점 대상에서 제외된다.
   ① 시험시간 내에 작품을 제출하지 못한 경우
   ② 시험시간 내에 제출된 작품이라도 다음과 같은 경우

· 작품의 가치가 없을 정도로 타거나 익지 않은 경우
· 요구사항을 준수하지 않았을 경우
· 지급된 재료 이외의 재료를 사용한 경우
③ 시험 중 시설·장비의 조작 또는 재료의 취급이 미숙하여 위해를 일으킬 것으로 감독위원 전원이 합의하여 판단한 경우
④ 항목별 배점: 제조 공정 60점, 제품평가 40점

제조 공정

1. 재료 계량

재료를 담을 용기의 무게를 측정하여 기록하고, 전 재료를 제한시간 내에 손실과
오차 없이 정확히 계량하여 재료별로 진열한다.

▶ 제한시간 내에 재료 손실이 없이 전 재료를 정확하게 계량하면 만점, 시간을 초과하면 0점 처리한다.

2. 전처리

가루재료(박력분, 베이킹파우더)을 가볍게 혼합하여 30cm 정도의 높이에서 체질하
여 재료를 골고루 분산시키고, 재료에 공기를 혼입시키며, 이물질을 제거한다. ❶

3. 반죽

① 스테인리스 볼에 달걀을 넣고 거품이 생기지 않도록 잘 풀어준다. ❷

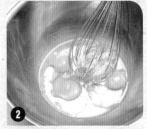

② 설탕, 물엿, 연유, 버터, 소금을 넣고 중탕으로 녹인다. ❸

▶ 설탕 입자가 완전히 용해되고, 각 재료가 잘 섞이도록 천천히 저어준다.

③ 중탕 용해된 재료를 20℃까지 식힌다.

④ 체질한 가루재료를 넣고 나무주걱으로 가볍게 섞어 반죽을 만든다. ❹

⑤ 덧가루(박력분)가 뿌려진 작업대 위에서 가볍게 손 반죽하여 한 덩어리로 뭉
친다. ❺

⑥ 반죽을 표피가 마르지 않게 비닐로 싸서 20~30분간 냉장 휴지시킨다.

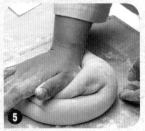

제과제빵기능사 이론 및 실기

4. 정형 및 팬닝

① 반죽을 20g씩 분할하여 둥글린다. ❻

② 둥글리기 한 반죽을 작업대에 놓고 납작하게 손바닥으로 눌러준다.

③ 흰 앙금(40g)을 앙금주걱(헤라)을 이용하여 반죽의 중앙에 넣어주고, 반죽을 봉합하여 봉합 부위가 밑으로 가게 하여 작업대 위에 놓는다. ❼, ❽, ❾

▶ 반죽껍질이 터지지 않도록 하고, 앙금이 반죽의 중앙에 위치하도록 앙금싸기에 주의한다.

④ 윗부분을 손바닥으로 살짝 눌러준다.

⑤ 눌러진 부분의 바로 아래쪽을 손가락으로 살짝 잡아 주어 뾰족하게 해서, 밤 모양으로 정형한다.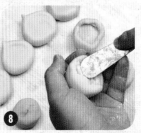

⑥ 밤 모양으로 정형한 반죽의 밑 부분(뾰족하게 한 부분의 반대쪽)에 물을 묻혀 참깨를 묻힌 후 평철판에 팬닝한다. ❿, ⓫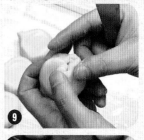

⑦ 바닥이 평평한 도구를 이용하여 반죽의 윗부분을 살짝 눌러 모양을 잡아준다. ⓬

⑧ 물을 분무하여 반죽 위의 덧가루를 제거한 후 건조시킨다. ⓭

5. 색소 바르기

노른자에 캐러멜 색소를 혼합하여 밤 색깔을 맞춘 후 체에 걸러 표면의 물기가
마른 반죽 위에 붓으로 색소를 발라준다. ⓮, ⓯

📌 한 번 바른 후 약간 마른 후에, 다시 한 번 더 발라준다.

6. 굽기

① 오븐 온도: 윗불 180℃, 밑불 150℃

② 시간: 15~20분

③ 위치에 따라 온도 차이가 있을 수 있으므로 일정시간 경과 후 팬의 위치를 바
　꾸어 주어 전체 제품의 색깔이 균일하게 되도록 한다.

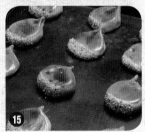

chestnut Bun

1. 중탕할 때 달걀이 익지 않도록 주의하며, 거품이 생기지 않도록 천천히 섞어준다.
2. 반죽은 덧가루를 사용하여 반죽의 되기가 앙금의 되기와 같게 조절한다(앙금은 손으로 치대어 되기를 조절한다).
3. 앙금을 충전할 때는 반죽을 일정한 두께로 싸야 하며, 헤라는 손에서 내려놓지 않고 작업을 계속한다.
4. 붓으로 캐러멜 색소를 바를 때에는 흰깨 쪽에서 꼭지 부분으로 바르며, 굽기 후 팽창을 감안하여 옆면까지 바른다.

🍩 제품 평가표

제조 공정						제품 평가		
순서	세부항목	배점	순서	세부항목	배점	순서	세부항목	배점
1	계량시간	2	10	숙련 정확	3	19	부피	8
2	재료손실	2	11	앙금 싸기	5	20	외부균형	8
3	정확도	2	12	정형숙련도	4	21	껍질	8
4	믹싱법	5	13	정형상태	3	22	내상	8
5	반죽상태	5	14	덧가루 제거	2	23	맛과 향	8
6	반죽온도	5	15	광택제 만들기	2			
7	반죽휴지	3	16	광택제 바르기	2			
8	반죽 뭉치기	5	17	개인위생	4			
9	분할시간	2	18	정리정돈 및 청소	4			

마데이라(컵) 케이크

Madeira Cake

: 반죽형 반죽—크림법

요구사항

■ 마데이라(컵) 케이크를 제조하여 제출하시오.

1. 배합표의 각 재료를 계량하여 재료별로 진열하시오(9분).
2. 반죽은 크림법으로 제조하시오.
3. 반죽온도는 24℃를 표준으로 하시오.
4. 반죽분할은 주어진 팬에 알맞은 양을 팬닝하시오.
5. 적포도주 퐁당을 1회 바르시오.
6. 반죽은 전량을 사용하여 성형하시오.

배합표

1. 반죽

구분	재료	비율(%)	무게(g)
1	박력분	100	400
2	버터	85	340
3	설탕	80	320
4	소금	1	4
5	달걀	85	340
6	베이킹파우더	2.5	10
7	건포도	25	100
8	호두	10	40
9	적포도주	30	120
합계		418.5	1674

2. 시럽

구분	재료	비율(%)	무게(g)
1	분당	20	80
2	적포도주	5	20
합계			

수험자 유의사항

1. 시험시간은 재료 계량시간이 포함된 시간이다.
2. 안전사고가 없도록 유의한다.
3. 의문 사항이 있으면 감독위원에게 문의하고, 감독위원의 지시에 따른다.
4. 다음과 같은 경우에는 채점 대상에서 제외된다.
   ① 시험시간 내에 작품을 제출하지 못한 경우
   ② 시험시간 내에 제출된 작품이라도 다음과 같은 경우

   · 작품의 가치가 없을 정도로 타거나 익지 않은 경우
   · 요구사항을 준수하지 않았을 경우
   · 지급된 재료 이외의 재료를 사용한 경우
   ③ 시험 중 시설·장비의 조작 또는 재료의 취급이 미숙하여 위해를 일으킬 것으로 감독위원 전원이 합의하여 판단한 경우
   ④ 항목별 배점: 제조 공정 60점, 제품평가 40점

제조 공정

1. 재료 계량

재료를 담을 용기의 무게를 측정하여 기록하고, 전 재료를 제한시간 내에 손실과 오차 없이 정확히 계량하여 재료별로 진열한다.

🔸 제한시간 내에 재료 손실이 없이 전 재료를 정확하게 계량하면 만점, 시간을 초과하면 0점 처리한다.

2. 전처리

가루재료(박력분, 베이킹파우더)를 가볍게 혼합하여 30cm 정도의 높이에서 체질하여 재료를 골고루 분산시키고, 재료에 공기를 혼입시키며, 이물질을 제거한다. ❶

3. 반죽

① 쇼트닝을 믹싱 볼에 넣고 부드럽게 풀어준 뒤 설탕, 소금을 넣고 믹싱하여 크림 상태로 만든다. ❷, ❸

🔸 설탕이 녹지 않으면 제품의 윗면에 반점의 형태로 나타날 수 있으므로 반죽의 온도가 낮으면 믹싱 볼 아래에 더운 물로 받쳐준다.

② 달걀을 조금씩 넣어가며(3~4회) 부드러운 크림 상태로 만든다. ❹

🔸 달걀을 첨가하는 동안에 크림이 분리되지 않도록, 투입속도를 조절하며 믹싱 볼의 바닥과 안쪽을 고무주걱으로 긁어주어 반죽이 전체적으로 고루 섞이게 한다.

③ 충분히 크림화가 되면 전처리된 건포도와 호두를 크림에 넣고 균일하게 혼합한다. ❺, ❻

🔸 건포도와 호두는 약간의 덧가루를 뿌려 버무린 후 투입하는 것이 좋다.

④ 체질해 놓은 가루재료를 가볍게 혼합한다(1단 속도). ❼
⑤ 붉은 포도주를 넣고 골고루 섞어준다. ❽
⑥ 반죽온도: 24℃

4. 팬닝

① 팬 준비: 컵케이크 팬의 내부에 유산지나 미리 재단해 놓은 종이를 깔아 놓는다.
② 반죽을 짤주머니에 담고 컵케이크 팬에 80% 정도 부피가 되게 짜 넣는다. ❾, ❿

5. 시럽 제조

붉은 포도주 20g에 분당 80g을 녹여서 되직한 상태로 만들어 둔다. ⓫

6. 굽기

① 오븐 온도: 윗불 180℃, 밑불 160℃

② 시간: 20~25분

- 전체 굽기 과정의 95% 정도 진행되었을 때 오븐에서 컵케이크를 꺼내 제품의 윗면에 붓으로 포도주 시럽을 전체적으로 균일하게 칠해준다. ⓬
- 다시 오븐에 넣어 포도주 시럽의 수분을 건조시킨 후 굽기를 완료한다.

👆 1. 충전물이 바닥으로 가라앉는 것을 방지하기 위해서 충전물(건포도, 호두)을 미리 적포도주에 버무려 전처리한 후 다시 소량의 밀가루로 재전처리한다.
　2. 크림화시킬 때 달걀을 소량씩 넣어 분리현상을 방지한다.
　3. 머핀컵은 철판에 20개씩 준비하고 속지를 넣어둔다.
　4. 적포도주 퐁당은 오븐에 넣었을 때 제조하며, 제품이 익었을 때 퐁당을 바르고 다시 구워 완성한다.

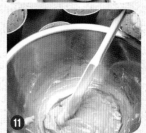

🕐 제품 평가표

제조 공정						제품 평가		
순서	세부항목	배점	순서	세부항목	배점	순서	세부항목	배점
1	계량시간	2	8	팬 준비	5	14	부피	8
2	재료손실	2	9	팬에 넣기	6	15	외부균형	8
3	정확도	2	10	굽기 관리	6	16	껍질	8
4	믹싱법	7	11	구운 상태	8	17	내상	8
5	반죽상태	8	12	정리정돈 및 청소	2	18	맛과 향	8
6	반죽온도	5	13	개인위생	2			
7	비중	5						

버터 쿠키

Butter Cookie

: 반죽형 반죽–크림법

요구사항

■ 버터 쿠키를 제조하여 제출하시오.

1. 배합표의 각 재료를 계량하여 재료별로 진열하시오(6분).

2. 반죽은 크림법으로 수작업하시오.

3. 반죽온도는 22℃를 표준으로 하시오.

4. 별 모양 깍지를 끼운 짤주머니를 사용하여 감독위원이 요구하는 2가지 이상의 모양짜기를 하시오.

5. 반죽은 전량을 사용하여 성형하시오.

배합표

구분	재료	비율(%)	무게(g)
1	박력분	100	400
2	버터	70	280
3	설탕	50	200
4	소금	1	4
5	달걀	30	120
6	바닐라향	0.5	2
합계		215.5	1006

수험자 유의사항

1. 시험시간은 재료 계량시간이 포함된 시간이다.

2. 안전사고가 없도록 유의한다.

3. 의문 사항이 있으면 감독위원에게 문의하고, 감독위원의 지시에 따른다.

4. 다음과 같은 경우에는 채점 대상에서 제외된다.

   ① 시험시간 내에 작품을 제출하지 못한 경우

   ② 시험시간 내에 제출된 작품이라도 다음과 같은 경우

   　· 작품의 가치가 없을 정도로 타거나 익지 않은 경우

   　· 요구사항을 준수하지 않았을 경우

   　· 지급된 재료 이외의 재료를 사용한 경우

   ③ 시험 중 시설·장비의 조작 또는 재료의 취급이 미숙하여 위해를 일으킬 것으로 감독위원 전원이 합의하여 판단한 경우

   ④ 항목별 배점: 제조 공정 60점, 제품평가 40점

제조 공정

1. 재료 계량

재료를 담을 용기의 무게를 측정하여 기록하고, 전 재료를 제한시간 내에 손실과 오차 없이 정확히 계량하여 재료별로 진열한다.

📌 제한시간 내에 재료 손실이 없이 전 재료를 정확하게 계량하면 만점, 시간을 초과하면 0점 처리한다.

2. 전처리

가루재료(박력분, 바닐라향)를 가볍게 혼합하여 30cm 정도의 높이에서 체질하여 재료를 골고루 분산시키고, 재료에 공기를 혼입시키며, 이물질을 제거한다. ❶

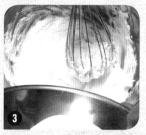

3. 반죽

① 스테인리스 볼에 버터를 넣고 부드럽게 풀어준 다음 설탕, 소금을 넣고 거품기로 균일하게 섞는다. ❷, ❸

② 달걀을 조금씩 나누어 넣으면서 부드러운 크림 상태로 만든다. ❹

📌 크림화가 안되면 짜기가 어렵고 매끄럽지 못하며 단단한 쿠키가 된다.

📌 달걀을 한꺼번에 투입하면 달걀에 함유된 다량의 수분 때문에 지방과 분리되기 쉬우므로 달걀의 투입속도를 조절한다.

③ 체질한 가루재료를 넣고 나무주걱으로 가볍게 섞는다. ❺

④ 반죽온도: 22℃

4. 성형 및 팬닝

① 짤주머니에 별 모양 깍지를 끼우고 반죽을 절반 정도 담는다.

② 얇게 기름칠한 평철판에 에스(S)자 모양으로 반죽을 짠다. ❻

📌 모양이 너무 두껍거나 얇지 않게 같은 두께로 반죽 사이의 간격, 모양, 크기를 일정하게 유지하면서 짠다.

③ 짠 반죽의 무늬가 선명하게 유지되도록 실온에서 10분 정도 표면을 건조시킨다.

5. 굽기

① 오븐 온도: 윗불 190℃, 밑불 150℃
② 시간: 10~15분

Butter cookie

1. 설탕의 퍼짐성을 이용하기 위하여 크림화시킬 때 설탕이 너무 많이 녹지 않도록 휘핑한다.
2. 가루재료를 섞을 때는 글루텐이 형성되는 것을 방지하기 위하여 많이 섞지 않는다.
3. 일정한 모양, 크기, 두께, 간격으로 성형한다.

제품 평가표

제조 공정						제품 평가		
순서	세부항목	배점	순서	세부항목	배점	순서	세부항목	배점
1	계량시간	2	8	팬 준비	5	14	부피	8
2	재료손실	2	9	팬에 넣기	6	15	외부균형	8
3	정확도	2	10	굽기 관리	6	16	껍질	8
4	믹싱법	7	11	구운 상태	8	17	내상	8
5	반죽상태	8	12	정리정돈 및 청소	2	18	맛과 향	8
6	반죽온도	5	13	개인위생	2			
7	비중	3						

CHAPTER 6

제빵실기

빵도넛

Yeast Doughnut

: 스트레이트법

요구사항

■ 빵도넛을 제조하여 제출하시오.

1. 배합표의 각 재료를 계량하여 재료별로 진열하시오(12분).
2. 반죽을 스트레이트법으로 제조하시오(단, 유지는 클린업 단계에서 첨가하시오).
3. 반죽온도는 27℃를 표준으로 하시오.
4. 분할무게는 45g씩으로 하시오.
5. 모양은 8자형 또는 트위스트형(꽈배기형)으로 만드시오(단, 감독위원이 지정하는 모양으로 변경할 수 있다).
6. 반죽은 전량을 사용하여 성형하시오.

배합표

구분	재료	비율(%)	무게(g)
1	강력분	80	880
2	박력분	20	220
3	설탕	10	110
4	쇼트닝	12	132
5	소금	1.5	16.5
6	분유	3	33
7	이스트	5	55
8	제빵개량제	1	11
9	바닐라 향	0.2	2.2
10	달걀	15	165
11	물	46	506
12	넛메그	0.3	3.3
합계		194	2134

수험자 유의사항

1. 시험시간은 재료 계량시간이 포함된 시간이다.
2. 안전사고가 없도록 유의한다.
3. 의문 사항이 있으면 감독위원에게 문의하고, 감독위원의 지시에 따른다.
4. 다음과 같은 경우에는 채점 대상에서 제외된다.
　① 시험시간 내에 작품을 제출하지 못한 경우
　② 시험시간 내에 제출된 작품이라도 다음과 같은 경우

· 작품의 가치가 없을 정도로 타거나 익지 않은 경우
· 요구사항을 준수하지 않았을 경우
· 지급된 재료 이외의 재료를 사용한 경우
③ 시험 중 시설·장비의 조작 또는 재료의 취급이 미숙하여 위해를 일으킬 것으로 감독위원 전원이 합의하여 판단한 경우
④ 항목별 배점: 제조 공정 60점, 제품평가 40점

제조 공정

1. 재료 계량

재료를 담을 용기의 무게를 측정하여 기록하고, 전 재료를 제한시간 내에 손실과 오차 없이 정확히 계량하여 재료별로 진열한다.

> 제한시간 내에 재료 손실이 없이 전 재료를 정확하게 계량하면 만점, 시간을 초과하면 0점 처리한다.

2. 전처리

가루재료(강력분, 박력분, 탈지분유, 이스트 푸드, 바닐라 향, 넛메그)를 가볍게 혼합하여 30cm 정도의 높이에서 체질하여 재료를 골고루 분산시키고, 재료에 공기를 혼입시키며, 이물질을 제거한다. ❶

3. 이스트 용해

이스트양의 3~5배의 물(계량된 물의 일부를 이용)에 이스트를 풀어 사용한다.

> 5~10분 전에 용해하여 사용한다. ❷

4. 반죽

① 유지(쇼트닝)를 제외한 전 재료(건재료+이스트 용해액+달걀+물)를 믹싱 볼에 넣고 믹싱한다. ❸

> 저속(1단 속도)으로 수화(1~2분 정도)시키고, 중속(2~3단 속도)으로 1분 정도 믹싱한다.

> 반죽온도 조절을 위하여 물 온도를 조정하여 사용하며 물의 온도는 겨울철에는 온수를 사용하고 여름철에는 수돗물을 사용한다.

② '클린업 단계'에서 유지(쇼트닝)를 투입하고 저속으로 혼합한다. ❹

③ 유지가 반죽에 전체적으로 흡수되면 중속으로 최종 단계까지 믹싱한다. ❺

> 모양 유지를 위해 믹싱을 조금 적게 한다(일반 식빵의 80~85% 수준).

④ 반죽온도: 27±1℃

5. 1차 발효

① 믹싱이 완료된 반죽을 표피가 매끄러운 상태가 되도록 하여 얇게 기름칠한 그릇에 담은 후, 반죽 표피가 건조되지 않도록 비닐 또는 면포로 덮어 1차 발효를 시킨다. ❻

② 발효실 온도: 27℃, 습도: 75~80%, 시간: 60~90분

③ 발효상태

☞ 처음 반죽 부피의 3~3.5배 정도가 부풀고 손가락에 밀가루를 묻혀 반죽의 윗면을 눌렀을 때 손가락 자국이 남는 상태이거나 반죽의 속 부분을 약간 늘려 보았을 때 유연한 섬유질 상태가 되면 된다. ❼

6. 성형

① 8자형, 트위스트형

■ 분할: 분할 도중에도 발효가 진행하므로 스크레이퍼(scraper)를 사용하여 짧은 시간 내에 정확히 45g을 분할한다. ❽

☞ 반죽과 발효 과정에서 형성된 글루텐 막의 손상이 최소화될 수 있도록 한다.

■ 둥글리기: 반죽 표면이 매끄럽고 모양이 일정하게 신속히 작업한다. ❾

☞ 반죽의 표피가 찢어지지 않도록 주의한다.

■ 중간발효

발효온도: 실온, 습도 70% 내외, 시간: 10~20분

☞ 반죽의 표피가 건조되지 않도록 비닐이나 젖은 헝겊(물기 제거)으로 덮어서 실내에서 10~20분 정도 중간발효를 실시한다.

■ 정형: 반죽의 가운데 부분을 손가락으로 눌러준 후, 양손 손가락을 이용하여 가운데 부분에서 바깥부분으로 반죽을 밀면서 늘여 편다. ❿, ⓫

☞ 반죽을 밀어 늘일 때 수축이 심하면 중간발효를 조금 더 시킨다.

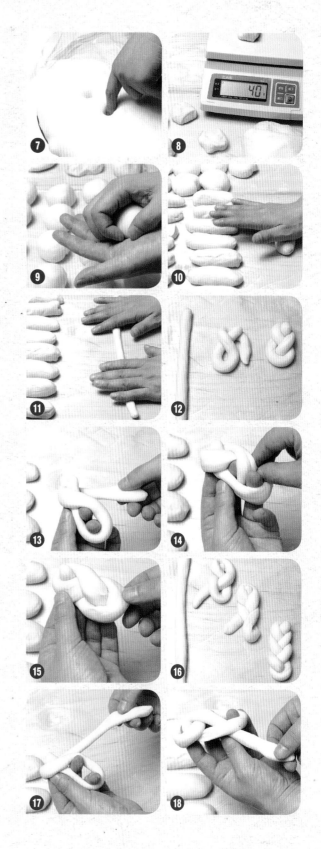

- 8자형: 반죽을 20cm 길이로 밀어 늘인 후 8자형으로 한번 꼬아 만든다. ⑫, ⑬, ⑭, ⑮

- 이중 8자형: 반죽을 25cm 길이로 밀어 늘인 후 이중 8자형으로 꼬아 만든다. ⑯, ⑰, ⑱, ⑲, ⑳

- 트위스트형: 반죽을 25cm 길이로 밀어 늘인 후, 양끝을 손으로 누르고 서로 반대 방향으로 밀어 꼬아, 양끝을 들어 올리면서 붙이면 서로 꼬이게 된다. ㉑, ㉒

② 링 도넛: 감독위원의 요구가 있을 경우 링 도넛을 제조할 수도 있다.

- 1차 발효가 완료된 반죽을 1.2~1.5cm 두께로 밀어 편다. ㉓

- 10분 정도 휴지시킨 후 정형기(도넛 커터, 원형틀 등)를 사용하여 원하는 모양으로 찍어낸다. ㉔

▶ 자투리 반죽이 최소화되도록 한다.

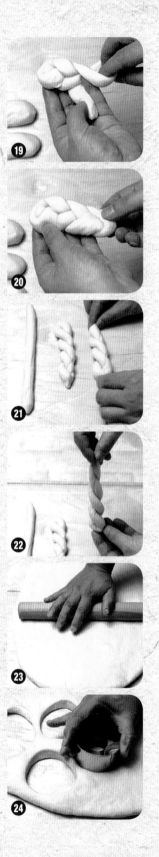

7. 팬닝

① 반죽이 서로 달라붙지 않게 철판에 일정한 간격을 유지하면서 팬닝한다.

② 같은 모양끼리 팬닝하여 발효 완료시점이 일치하도록 한다.

8. 2차 발효

① 발효실 온도: 35~38℃, 습도: 75~80%, 시간: 25~30분

② 발효상태

▶ 도넛의 모양을 유지하기 위해서 발효시간을 조금 짧게 준다.

9. 튀기기

① 튀김 온도: 180~190℃

② 시간: 3분 정도(한쪽 면 1분 30초씩) 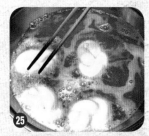, ㉖, ㉗, ㉘

10. 마무리

식은 후 도넛에 계피설탕(계피:설탕 = 5:95)을 골고루 묻혀준다. ㉙, ㉚

1. 넛메그는 향신료이므로 처음부터 같이 반죽한다.
2. 동일한 모양끼리 팬닝(8자는 8자끼리, 꽈배기는 꽈배기끼리)하여 발효 완료시점이 일치하도록 한다.
3. 도넛 모양을 유지하기 위해서 일반 빵 반죽에 비해 2차 발효온도와 습도를 낮게 하고, 2차 발효시간도 짧게 하며, 반죽의 껍질이 마르지 않을 정도로 표면을 건조시킨 다음 튀긴다.
4. 튀김온도는 180~190℃가 적당하다.
5. 튀김온도가 너무 높으면 도넛이 부풀지 않아서 부피가 작아지고, 식감도 좋지 않으며 덜 익을 수 있다.
6. 제품을 여러 번 뒤집으면 흰 선도 안 생기고 기름도 많이 흡수한다. 한쪽 면의 색깔이 나면 한 번만 뒤집은 다음 꺼낸다.
7. 뜨거울 때 계피설탕을 묻히면 발한현상이 일어나기 때문에 충분히 냉각(36℃ 정도)한 후 묻는다.

제품 평가표

제조 공정						제품 평가		
순서	세부항목	배점	순서	세부항목	배점	순서	세부항목	배점
1	계량시간	2	12	중간발효	2	22	부피	8
2	재료손실	12	13	정형숙련도	5	23	외부균형	8
3	계량정확	2	14	정형상태	5	24	껍질	8
4	반죽혼합순서	2	15	2차 발효관리	2	25	내상	8
5	반죽상태	3	16	발효상태	4	26	맛과 향	8
6	반죽온도	3	17	튀김 관리	2			
7	1차 발효관리	2	18	튀김 상태	5			
8	발효상태	4	19	설탕 묻히기	1			
9	분할시간	2	20	정리정돈 및 청소	4			
10	분할 숙련	2	21	개인위생	4			
11	둥글리기	2						

소시지빵

Sausage Bread

: 스트레이트법

요구사항

■ 소시지빵을 제조하여 제출하시오.

1. 반죽 재료를 계량하여 재료별로 진열하시오(10분).
   (토핑 및 충전물 재료의 계량은 휴지시간을 활용하시오)
2. 반죽은 스트레이트법으로 제조하시오.
3. 반죽온도는 27℃를 표준으로 하시오.
4. 반죽 분할무게는 70g씩 분할하시오.
5. 반죽은 전량을 사용하여 분할하고, 완제품(토핑 및 충전물 완성)은 18개 제조하여 제출하시오.
6. 충전물은 발효시간을 활용하여 제조하시오.
7. 정형 모양은 낙엽 모양과 꽃잎 모양의 2가지로 만들어서 제출하시오.

배합표

1. 반죽

구분	재료	비율(%)	무게(g)
1	강력분	80	640
2	중력분	20	160
3	생이스트	4	32
4	제빵개량제	1	8
5	소금	2	16
6	설탕	11	88
7	마가린	9	72
8	탈지분유	5	40
9	달걀	5	40
10	물	52	416
합계		189	1512

2. 토핑 및 충전물

구분	재료	비율(%)	무게(g)
1	프랑크소시지	100	(720)
2	양파	72	504
3	마요네즈	34	238
4	피자치즈	22	154
5	케첩	24	168
합계		252	1784

제조 공정

1. 재료 계량

재료를 담을 용기의 무게를 측정하여 기록하고, 전 재료를 제한시간 내에 손실과 오차 없이 정확히 계량하여 재료별로 진열한다. ❶

▶ 제한시간 내에 재료 손실이 없이 전 재료를 정확하게 계량하면 만점, 시간을 초과하면 0점 처리한다.

2. 전처리

가루재료(강력분, 중력분)를 가볍게 혼합하여 30cm 정도의 높이에서 체질하여 재료를 골고루 분산시키고, 재료에 공기를 혼입시키며, 이물질을 제거한다.

3. 이스트 용해

이스트양의 3~5배의 물(계량된 물의 일부를 이용)에 이스트를 풀어 사용한다.

▶ 5~10분 전에 용해하여 사용한다.

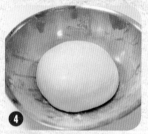

4. 반죽

① 버터를 제외한 전 재료를 믹싱 볼에 넣은 후 클린업 단계에서 유지 투입한다. ❷
② 최종단계에서 믹싱을 완료한다. ❸, ❹

5. 1차 발효

① 1차 발효는 대략 50분 정도 한다. ❺
② 발효실 온도: 30℃, 습도: 75~80%, 시간: 50~60분
③ 발효상태

▶ 글루텐 숙성이 최적인 상태까지 발효시킨다.

6. 성형

① 분할

- 시간 안에 정확히 70g을 분할한다. **❻**

② 둥글리기

- 반죽 표면이 매끄럽게 신속히 작업한다.

③ 중간발효

- 발효온도: 실온, 습도 70% 내외, 시간: 10~20분

📌 반죽의 표피가 건조되지 않도록 비닐이나 젖은 헝겊(물기 제거)으로 덮어서 실내에서 10~20분 정도 중간발효를 실시한다.

④ 정형 및 팬닝

- 반죽의 두께가 균일하도록 밀대로 사용하여 길게 밀어 편다.
- 소시지를 넣은 후 이음매를 봉한다. **❼**
- 이음매가 밑으로 가게 한 후 한 팬에 6개씩 팬닝한다. **❽**
- 가위를 최대한 눕혀서 낙엽처럼 자른 후 9등분을 해서 펼친 다음 모양낸 후 2차 발효한다. **❾**
- 원형은 8등분으로 자른 후 앞에 반죽을 안에 넣은 후 동그랗게 펼쳐서 원형을 만든다. **❿**
- 등분을 다 낸 반죽을 2차 발효한다. **⓫**

7. 2차 발효

발효실 온도: 35~38℃, 습도: 80%, 시간: 20~30분

8. 토핑

① 양파를 씻은 후 칼로 균일하게 다진다.

② 2차 발효 때 마요네즈와 섞어준다

③ 2차 발효된 반죽에 가운데로 충전물을 올린다.

④ 양파 충전물을 올린 후 그 위에 피자치즈를 올려준다.

⑤ 케첩을 비닐주머니에 담은 후 일정하게 짜준다.

9. 굽기

① 오븐 온도: 윗불 190℃, 밑불 160℃

② 시간: 15~20분

③ 오븐의 위치에 따라 온도 차이가 있을 수 있으므로, 일정시간이 경과한 후 철판의 위치를 바꾸어 전체 제품의 색깔이 균일하게 유지되고 충분히 익도록 한다.

1. 소시지를 자를 때 가위를 최대한으로 눕혀서 양쪽 대칭이 맞아야 한다.
2. 낙엽 모양은 총 12개가 나오도록 하며, 원형은 9개가 나오도록 한다.
3. 원형으로 만들 때는 자른 처음 반죽을 안으로 넣어 줘야 구멍이 생기지 않아 충전물 올리기가 쉽다.
3. 양파는 마요네즈와 미리 버무려 두면 물이 나오기 때문에 2차 발효시간에 버무린다.
4. 피자치즈는 한쪽으로 쏠리지 않도록 골고루 뿌려주며, 빵 반죽 밖으로 나가지 않게 뿌린다.
5. 케첩은 너무 얇게 짜주면 탈 염려가 있다.
6. 피자치즈가 먹음직스러운 황금갈색이 나면 익은 것이다.
7. 익은 후 충전물이 밀릴 수 있으니 식힌 후 타공팬으로 옮긴다.

◉ 제품 평가표

	제조 공정						제품 평가	
순서	세부항목	배점	순서	세부항목	배점	순서	세부항목	배점
1	계량시간	2	12	중간발효	2	23	부피	8
2	재료손실	2	13	정형숙련도	4	24	외부균형	8
3	계량정확	2	14	정형상태	5	25	껍질	8
4	반죽혼합순서	2	15	팬에 넣기	2	26	내상	8
5	반죽상태	4	16	2차 발효관리	2	27	맛과 향	8
6	반죽온도	2	17	발효상태	2			
7	1차 발효관리	2	18	토핑물 관리	2			
8	발효상태	4	19	굽기 관리	3			
9	분할시간	2	20	구운 상태	4			
10	분할 숙련	2	21	정리정돈 및 청소	4			
11	둥글리기	2	22	개인위생	4			

식빵

Loaf Bread

: 비상스트레이트법

■**식빵을 제조하여 제출하시오.**

1. 배합표의 각 재료를 계량하여 재료별로 진열하시오(8분).

2. 비상스트레이트법 공정에 의해 제조하시오(반죽온도는 30℃로 한다).

3. 표준분할무게는 170g으로 하고, 제시된 팬의 용량을 감안하여 결정하시오(단, 분할무게×3을 1개의 식빵으로 한다).

4. 반죽은 전량을 사용하여 성형하시오.

배합표

구분	재료	비율(%)	무게(g)
1	강력분	100	1200
2	물	63	756
3	이스트	4	48
4	제빵개량제	2	24
5	설탕	5	60
6	쇼트닝	4	48
7	분유	3	36
8	소금	2	24
합계		183	2196

수험자 유의사항

1. 시험시간은 재료 계량시간이 포함된 시간이다.
2. 안전사고가 없도록 유의한다.
3. 의문 사항이 있으면 감독위원에게 문의하고, 감독위원의 지시에 따른다.
4. 다음과 같은 경우에는 채점 대상에서 제외된다.
    ① 시험시간 내에 작품을 제출하지 못한 경우
    ② 시험시간 내에 제출된 작품이라도 다음과 같은 경우
        · 작품의 가치가 없을 정도로 타거나 익지 않은 경우
        · 요구사항을 준수하지 않았을 경우
        · 지급된 재료 이외의 재료를 사용한 경우
    ③ 시험 중 시설·장비의 조작 또는 재료의 취급이 미숙하여 위해를 일으킬 것으로 감독위원 전원이 합의하여 판단한 경우
    ④ 항목별 배점: 제조 공정 60점, 제품평가 40점

제조 공정

1. 재료 계량

재료를 담을 용기의 무게를 측정하여 기록하고, 전 재료를 제한시간 내에 손실과 오차 없이 정확히 계량하여 재료별로 진열한다.

📢 제한시간 내에 재료 손실이 없이 전 재료를 정확하게 계량하면 만점, 시간을 초과하면 0점 처리한다.

2. 전처리

가루재료(강력분, 분유, 이스트 푸드)를 가볍게 혼합하여 30cm 정도의 높이에서 체질하여 재료를 골고루 분산시키고, 재료에 공기를 혼입시키며, 이물질을 제거한다. ❶

3. 이스트 용해

이스트양의 3~5배의 물(계량된 물의 일부를 이용)에 이스트를 풀어 사용한다. ❷

📢 5~10분 전에 용해하여 사용한다.

4. 반죽

① 유지(쇼트닝)를 제외한 전 재료(건재료+이스트 용해액+달걀+물)를 믹싱 볼에 넣고 믹싱한다. ❸

📢 저속(1단 속도)으로 수화(1~2분 정도)시키고, 중속(2~3단 속도)으로 1분 정도 믹싱한다.

📢 반죽온도 조절을 위하여 물 온도를 조정하여 사용하며 물의 온도는 겨울철에는 온수를 사용하고 여름철에는 수돗물을 사용한다.

② '클린업 단계'에서 유지(쇼트닝)를 투입하고 저속으로 혼합한다. ❹

③ 유지가 반죽에 전체적으로 흡수되면 중속으로 최종 단계까지 믹싱한다. ❺

5. 1차 발효

① 믹싱이 완료된 반죽을 표피가 매끄러운 상태가 되도록 하여 얇게 기름칠한 그릇에 담은 후, 반죽 표피가 건조되지 않도록 비닐 또는 면포로 덮어 1차 발효를 시킨다. ❻

② 발효실 온도: 30℃, 습도: 75~80%, 시간: 15~30분

③ 발효상태

📌 처음 반죽 부피의 2~3배 정도가 부풀고 손가락에 밀가루를 묻혀 반죽의 윗면을 눌렀을 때 손가락 자국이 남는 상태이거나 반죽의 속 부분을 약간 늘려 보았을 때 유연한 섬유질 상태가 되면 된다. ❼

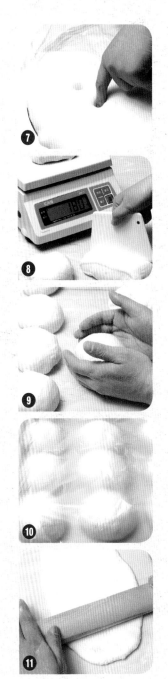

6. 성형

① 분할

■ 분할 도중에도 발효가 진행하므로 스크레이퍼(scraper)를 사용하여 짧은 시간 내에 정확히 170g을 분할한다. ❽

📌 반죽과 발효 과정에서 형성된 글루텐 막의 손상이 최소화될 수 있도록 한다.

② 둥글리기

■ 반죽 표면이 매끄럽고 모양이 일정하게 신속히 작업한다. ❾

📌 반죽의 표피가 찢어지지 않도록 주의한다.

③ 중간발효

■ 발효온도: 실온, 습도 70% 내외, 시간: 10~20분 ❿

📌 반죽의 표피가 건조되지 않도록 비닐이나 젖은(물기 제거) 헝겊으로 덮어서 실내에서 10~20분 정도 중간발효를 실시한다.

④ 정형

■ 반죽을 밀대를 이용하여 타원형의 모양으로 두께가 일정하도록 밀어 펴 가스를 빼준다. ⓫

📌 밀어 펴기 중에는 작업대 위에 최소한의 덧가루를 사용하여 작업대와 반죽이 붙지 않도록 하고, 반죽 윗면과 밀대에도 덧가루를 묻혀 반죽과 밀대가 붙지 않도록 한다.

■ 과도한 덧가루는 털어낸 후 반죽의 매끄러운 면이 아래로 향하도록 하고 3겹 접기를 한다. ⓬

■ 둥글게 단단히 말아준 후 마지막 이음매를 잘 봉합한다. ⓭

📌 반죽의 매끄러운 면이 표면에 나타나게 말아준다.

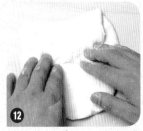

7. 팬닝

① 식빵 팬의 내부에 기름칠을 적당히 한다.

② 정형한 반죽의 이음매가 팬의 바닥으로 향하게 하여 한·팬에 3덩이씩 일정하게 간격을 잘 맞추어 넣는다. ⑭

🔖 3개의 반죽 덩이는 둥글게 말려진 방향이 일치하도록 팬닝한다.

③ 제품의 밑면이 평평하게 잘 나오도록 하기 위해 손등으로 반죽의 윗면을 가볍게 눌러준다. ⑮

8. 2차 발효

① 발효실 온도: 38~43℃, 습도: 80~90%, 시간: 40~45분

② 발효상태

🔖 반죽이 식빵 팬 높이보다 0.5cm 정도 더 올라오는 시점까지 발효시킨다. ⑯

9. 굽기

① 오븐 온도: 윗불 160℃, 밑불 180℃

② 시간: 30~40분

- 식빵 팬의 두께와 철판의 사용유무, 오븐의 열전달 방식 등에 따라 온도와 시간이 달라지므로 실제로는 경험을 기초로 다양한 굽기 조건이 가능하다.
- 오븐의 위치에 따라 온도 차이가 있을 수 있으므로 시간이 약 25분 정도 경과 후 팬의 위치를 바꾸어 전체 제품의 색깔이 균일하게 유지되고 내부가 충분히 익도록 한다.

🔖 식빵 팬과 팬 사이는 일정한 간격을 유지하여 열전달이 용이하게 하여 제품의 옆면이 황금갈색으로 충분히 색깔이 나야 한다. 그렇지 않으면 틀에서 제품을 꺼낸 후 식히는 과정에서 주저앉게 된다.

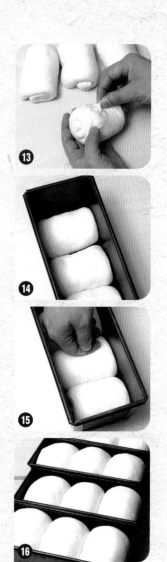

※ 식빵(비상반죽법)

비상반죽법은 작업시간을 단축 하는 방법으로써 발효시간을 최소로 줄여서 제품을 제조하는 제법이다.

※ 스트레이트법을 비상반죽법으로 변경할 때 필수적 조치사항

1. 물 1% 감소
2. 이스트 2배 증가
3. 설탕 1% 감소
4. 반죽온도 27℃→30℃
5. 1차 발효시간 감소(60~70분→15~20분)
6. 믹싱시간 20~25% 증가

1. 1차 발효는 15~20분 정도 한 후 분할한다.
2. 반죽의 상태를 보면서 덧가루를 최소화한다. 반죽 윗면과 밀대에도 덧가루를 묻혀 반죽과 밀대가 붙지 않도록 한다.
3. 비상법은 오븐스프링이 크므로 과발효되지 않도록 주의한다.
4. 2차 발효 완료점은 팬 높이로 맞춘다.

제품 평가표

제조 공정						제품 평가		
순서	세부항목	배점	순서	세부항목	배점	순서	세부항목	배점
1	계량시간	2	12	중간발효	2	22	부피	8
2	재료손실	2	13	정형숙련도	5	23	외부균형	8
3	계량정확	2	14	정형상태	5	24	껍질	8
4	반죽혼합순서	2	15	팬에 넣기	2	25	내상	8
5	반죽상태	3	16	2차 발효관리	2	26	맛과 향	8
6	반죽온도	4	17	발효상태	3			
7	1차 발효관리	2	18	굽기 관리	2			
8	발효상태	4	19	구운 상태	3			
9	분할시간	2	20	정리정돈 및 청소	4			
10	분할 숙련	3	21	개인위생	4			
11	둥글리기	2						

단팥빵

Red Bean Bread

: 비상스트레이트법

요구사항

■ 단팥빵을 제조하여 제출하시오.

1. 배합표의 각 재료를 계량하여 재료별로 진열하시오.(10분).
2. 반죽은 비상스트레이트법으로 제조하시오(단, 유지는 클린업 단계에 첨가하고, 반죽온도는 30℃로 한다).
3. 반죽 1개의 분할무게는 40g, 팥앙금 무게는 30g으로 제조하시오.
4. 반죽은 전량을 사용하여 성형하시오.

배합표

1. 반죽

구분	재료	비율(%)	무게(g)
1	강력분	100	900
2	물	48	432
3	이스트	7	63
4	제빵개량제	1	9
5	소금	2	18
6	설탕	16	144
7	마가린	12	108
8	분유	3	27
9	달걀	15	135
합계		204	1,836

2. 앙금

구분	재료	비율(%)	무게(g)
1	팥앙금	150	1350
합계		150	1350

수험자 유의사항

1. 시험시간은 재료 계량시간이 포함된 시간이다.
2. 안전사고가 없도록 유의한다.
3. 의문 사항이 있으면 감독위원에게 문의하고, 감독위원의 지시에 따른다.
4. 다음과 같은 경우에는 채점 대상에서 제외된다.
   ① 시험시간 내에 작품을 제출하지 못한 경우
   ② 시험시간 내에 제출된 작품이라도 다음과 같은 경우

   · 작품의 가치가 없을 정도로 타거나 익지 않은 경우
   · 요구사항을 준수하지 않았을 경우
   · 지급된 재료 이외의 재료를 사용한 경우
   ③ 시험 중 시설·장비의 조작 또는 재료의 취급이 미숙하여 위해를 일으킬 것으로 감독위원 전원이 합의하여 판단한 경우
   ④ 항목별 배점: 제조 공정 60점, 제품평가 40점

제조 공정

1. 재료 계량

재료를 담을 용기의 무게를 측정하여 기록하고, 전 재료를 제한시간 내에 손실과 오차 없이 정확히 계량하여 재료별로 진열한다.

📌 제한시간 내에 재료 손실이 없이 전 재료를 정확하게 계량하면 만점, 시간을 초과하면 0점 처리한다.

2. 전처리

가루재료(강력분, 탈지분유, 이스트 푸드)를 가볍게 혼합하여 30cm 정도의 높이에서 체질하여 재료를 골고루 분산시키고, 재료에 공기를 혼입시키며, 이물질을 제거한다. ❶

3. 이스트 용해

이스트양의 3~5배의 물(계량된 물의 일부를 이용)에 이스트를 풀어 사용한다. ❷

📌 5~10분 전에 용해하여 사용한다.

4. 반죽

① 유지(마가린)와 충전용 재료(팥앙금)를 제외한 전 재료(건재료+이스트 용해액+달걀+물)를 믹싱 볼에 넣고 믹싱한다. ❸

📌 저속(1단 속도)으로 수화(1~2분 정도)시키고, 중속(2~3단 속도)으로 1분 정도 믹싱한다.

📌 반죽온도 조절을 위하여 물 온도를 조정하여 사용하며 물의 온도는 겨울철에는 온수를 사용하고 여름철에는 수돗물을 사용한다.

② '클린업 단계'에서 유지(마가린)를 투입하고 저속으로 혼합한다. ❹

③ 유지가 반죽에 전체적으로 흡수되면 중속으로 최종 단계 후기까지 믹싱한다. ❺

📌 일반 단과자빵보다 20% 정도 더 믹싱하여, 짧은 시간의 발효에도 쉽게 부풀 수 있도록 한다. 글루텐 피막이 얇게 늘어나며, 곱고 매끄러운 상태가 되도록 한다.

④ 반죽온도: 30±1℃

5. 1차 발효

① 믹싱이 완료된 반죽을 표피가 매끄러운 상태가 되도록 하여 얇게 기름칠한 그릇에 담은 후, 반죽 표피가 건조되지 않도록 비닐 또는 면포로 덮어 1차 발효를 시킨다. ❻

② 발효실 온도: 30℃, 습도: 75~80%, 시간: 15~30분

③ 발효상태

🦜 일반 단과자빵에 비해 어린 반죽 상태에서 발효를 완료한다. ❼

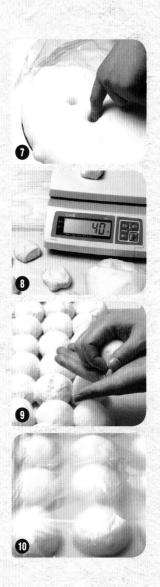

6. 성형

① 분할

- 분할 도중에도 발효가 진행하므로 스크레이퍼(scraper)를 사용하여 짧은 시간 내에 정확히 40g을 분할한다. ❽

  🦜 반죽과 발효 과정에서 형성된 글루텐 막의 손상이 최소화될 수 있도록 한다.

② 둥글리기

- 반죽 표면이 매끄럽고 모양이 일정하게 신속히 작업한다. ❾

  🦜 반죽의 표피가 찢어지지 않도록 주의한다.

③ 중간발효

- 발효온도: 실온, 습도 70% 내외, 시간: 10~20분 ❿

  🦜 반죽의 표피가 건조되지 않도록 비닐이나 젖은(물기제거) 헝겊으로 덮어서 실내에서 10~20분 정도 중간발효를 실시한다.

④ 정형 및 팬닝

- 반죽에 덧가루를 조금 묻혀 손으로 눌러 펴서 큰 가스를 제거하고, 반죽의 거친 부분이 위로 향하게 손바닥에 올려놓는다. ⑪

- 팥앙금(30g)을 앙금주걱(헤라)을 이용하여 반죽의 중앙에 충전되도록 반죽을 돌려가며 작업한다. ⑫, ⑬

- 앙금을 감싼 반죽을 봉합하고, 봉합 부위가 밑으로 가게 하여 얇게 기름칠한 평철판에 일정한 간격으로 놓는다. ⑭

　🖐 서로 붙지 않을 간격으로 1철판에 12개 정도 팬닝한다.

- 윗면이 평평하도록 손바닥으로 살짝 눌러준 후, 반죽의 가운데 부분을 덧가루를 묻힌 도구를 이용하여 눌러 구멍을 내어준다. ⑮

- 반죽 윗면에 달걀물을 발라준다. ⑯

　🖐 달걀물은 달걀노른자(20g)와 물(100g)의 비율을 1:5 정도로 맞춘다.

7. 2차 발효

① 발효실 온도: 35~40℃, 습도: 80~85%, 시간: 30~35분

② 발효상태

🖐 가스 보유력이 최대인 상태까지 발효한다.

8. 굽기

① 오븐 온도: 윗불 180℃, 밑불 160℃

② 시간: 12~15분

※ 단팥빵(비상반죽법)

비상반죽법은 작업시간을 단축하는 방법으로써 발효시간을 최소로 줄여서 제품을 제조하는 제법이다.

※ 스트레이트법을 비상반죽법으로 변경할 때 필수적 조치사항

1. 물 1% 감소
2. 이스트 2배 증가
3. 설탕 1% 감소
4. 반죽온도 27℃→30℃
5. 1차 발효시간 감소(60~70분→15~20분)
6. 믹싱시간 20~25% 증가

1. 1차 발효는 15~20분 정도한 후 분할한다.
2. 중간발효시간을 이용하여 30g씩 팥앙금을 분할하여 두면 시간을 절약할 수 있다.
3. 시험감독관의 지시에 따라 평철판에 10~12개씩 팬닝한다.
4. 달걀물은 달걀 1개와 물 10g을 섞은 후 체에 한 번 거른다.
5. 달걀물을 붓으로 반죽 위에 고르게 바르고 바닥에 흐르지 않게 한 번 물을 털어서 발라준다(구멍을 뚫지 않는 것만 발라준다).
6. 가운데 구멍을 뚫는 제품은 2차 발효가 60% 정도 진행되었을 때 실온에서 살짝 말린 후 구멍을 뚫어 주어야 위로 뜨지 않는다.
7. 비상 반죽법은 일반 빵보다 2차 발효를 적게 한다.
8. 180/160℃에서 12~15분 정도 굽는다.

◎ 제품 평가표

제조 공정						제품 평가		
순서	세부항목	배점	순서	세부항목	배점	순서	세부항목	배점
1	계량시간	2	12	중간발효	2	22	부피	8
2	재료손실	2	13	정형숙련도	5	23	외부균형	8
3	계량정확	2	14	정형상태	3	24	껍질	8
4	반죽혼합순서	2	15	팬에 넣기	3	25	내상	8
5	반죽상태	4	16	2차 발효관리	2	26	맛과 향	8
6	반죽온도	3	17	발효상태	4			
7	1차 발효관리	2	18	굽기 관리	2			
8	발효상태	4	19	구운 상태	4			
9	분할시간	2	20	정리정돈 및 청소	4			
10	분할 숙련	2	21	개인위생	4			
11	둥글리기	2						

브리오슈

Brioche

: 스트레이트법

요구사항

■ 브리오슈를 제조하여 제출하시오.

1. 배합표의 각 재료를 계량하여 재료별로 진열하시오(10분).

2. 반죽은 스트레이트법으로 제조하시오(단, 유지는 클린업 단계에 첨가하시오).

3. 반죽온도는 29℃를 표준으로 하시오.

4. 분할무게는 40g씩이며, 오뚜이 모양으로 제조하시오.

5. 반죽은 전량을 사용하여 성형하시오.

배합표

구분	재료	비율(%)	무게(g)
1	강력분	100	900
2	물	30	270
3	이스트	8	72
4	소금	1.5	13.5
5	마가린	20	180
6	버터	20	180
7	설탕	15	135
8	분유	5	45
9	달걀	30	270
10	브랜디	1	9
합계		230.5	2074.5

수험자 유의사항

1. 시험시간은 재료 계량시간이 포함된 시간이다.

2. 안전사고가 없도록 유의한다.

3. 의문 사항이 있으면 감독위원에게 문의하고, 감독위원의 지시에 따른다.

4. 다음과 같은 경우에는 채점 대상에서 제외된다.

　① 시험시간 내에 작품을 제출하지 못한 경우

　② 시험시간 내에 제출된 작품이라도 다음과 같은 경우

　　· 작품의 가치가 없을 정도로 타거나 익지 않은 경우

　　· 요구사항을 준수하지 않았을 경우

　　· 지급된 재료 이외의 재료를 사용한 경우

　③ 시험 중 시설·장비의 조작 또는 재료의 취급이 미숙하여 위해를 일으킬 것으로 감독위원 전원이 합의하여 판단한 경우

　④ 항목별 배점: 제조 공정 60점, 제품평가 40점

제조 공정

1. 재료 계량

재료를 담을 용기의 무게를 측정하여 기록하고, 전 재료를 제한시간 내에 손실과 오차 없이 정확히 계량하여 재료별로 진열한다.

🔊 제한시간 내에 재료 손실이 없이 전 재료를 정확하게 계량하면 만점, 시간을 초과하면 0점 처리한다.

2. 전처리

가루재료(강력분, 탈지분유)를 가볍게 혼합하여 30cm 정도의 높이에서 체질하여 재료를 골고루 분산시키고, 재료에 공기를 혼입시키며, 이물질을 제거한다. ❶

3. 이스트 용해

이스트양의 3~5배의 물(계량된 물의 일부를 이용)에 이스트를 풀어 사용한다. ❷

🔊 5~10분 전에 용해하여 사용한다.

4. 반죽

① 유지(마가린, 버터)를 제외한 전재료(건재료+이스트 용해액+달걀+술+물)를 믹싱 볼에 넣고 믹싱한다. ❸

🔊 저속(1단 속도)으로 수화(1~2분 정도)시키고, 중속(2~3단 속도)으로 1분 정도 믹싱한다.

🔊 반죽온도 조절을 위하여 물 온도를 조정하여 사용하며 물의 온도는 겨울철에는 온수를 사용하고 여름철에는 수돗물을 사용한다.

② '클린업 단계'에서 유지를 2~3회에 걸쳐 나누어 투입하고 저속으로 반죽하여 윤기와 탄력성을 갖도록 한다. ❹

③ 유지가 반죽에 전체적으로 흡수되면 중속으로 최종 단계까지 믹싱한다. ❺

④ 반죽온도: 29±1℃

🔊 고율배합이므로 발효 속도가 느리기 때문에 반죽온도를 높여 주었다.

제과제빵기능사 이론 및 실기

5. 1차 발효

① 믹싱이 완료된 반죽을 표피가 매끄러운 상태가 되도록 하여 얇게 기름칠한 그 릇에 담은 후, 반죽 표피가 건조되지 않도록 비닐 또는 면포로 덮어 1차 발효 를 시킨다. ❻

② 발효실 온도: 30℃, 습도: 75~80%, 시간: 50~80분

③ 발효상태

▶ 처음 반죽 부피의 2~2.5배 정도가 부풀고 손가락에 밀가루를 묻혀 반죽의 윗면을 눌렀을 때 손가락 자국이 남는 상태이거나 반죽의 속 부분을 약간 늘려 보았을 때 유연한 섬유질 상태가 되면 된다. ❼

6. 성형

① 분할

분할 도중에도 발효가 진행하므로 스크레이퍼(scraper)를 사용하여 짧은 시간 내에 정확히 40g을 분할한다. ❽

▶ 반죽과 발효 과정에서 형성된 글루텐 막의 손상이 최소화될 수 있도록 한다.

② 둥글리기

반죽 표면이 매끄럽고 모양이 일정하게 신속히 작업한다. ❾

▶ 반죽의 표피가 찢어지지 않도록 주의한다.

③ 중간발효

발효온도: 실온, 습도 70% 내외, 시간: 10~20분

▶ 반죽의 표피가 건조되지 않도록 비닐이나 젖은 헝겊(물기 제거)으로 덮어서 실내에서 10~20분 정도 중간발 효를 실시한다.

④ 정형(2가지 방법) 및 팬닝

브리오슈 팬 내부에 붓으로 기름칠을 얇게 해 둔다.

▪ 몸통 부분과 머리 부분을 한 반죽으로 만드는 방법

· 반죽의 1/4되는 부분을 손날로 눌러 비빈다.

· 윗부분(작은 부위)을 잡아 돌리면서 눌러 오뚝이 모양으로 만들어 팬에 넣는다.

■ 몸통 부분과 머리 부분을 분리하여 만드는 방법
- 반죽을 둥글리기 하여 반죽의 약 1/4을 잘라내어 각각 둥글리기 한다. ❿
- 3/4반죽을 다시 둥글리기 하여 바닥이 밑으로 향하도록 팬에 넣고 반죽의 중앙을 손가락으로 깊숙이 찔러서 구멍을 낸다. ⓫
- 1/4반죽을 타원형으로 둥글리기 하여 한쪽 부분을 가늘고 뽀족하게 만든 다음 구멍을 낸 3/4반죽의 중앙에 1/4반죽의 뽀족한 부분을 넣고, 떨어지지 않도록 한 후 브리오슈 팬에 팬닝한다. ⓬, ⓭

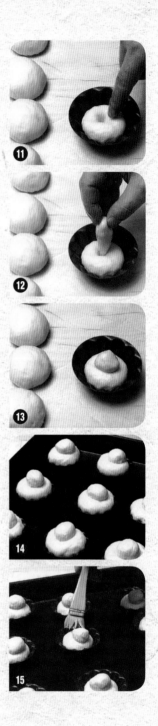

7. 2차 발효
① 발효실 온도: 35~40℃, 습도: 85%, 시간: 25~40분
② 발효상태
▶ 가스 보유력이 최대인 상태까지 발효한다. ⓮

8. 달걀물 칠
발효 후 달걀노른자(1) : 물(2)의 비율로 혼합하여 체를 통과시킨 달걀물을 붓으로 고르게 바른다. ⓯

9. 굽기
① 오븐 온도: 윗불 180℃, 밑불 160℃
② 시간: 15~20분
③ 오븐의 위치에 따라 온도 차이가 있을 수 있으므로, 일정시간이 경과한 후 철판의 위치를 바꾸어 전체 제품의 색깔이 균일하게 유지되고 내부가 충분히 익도록 한다.

Brioche

1. 유지가 많으므로 반죽 시 두 번 정도 나누어서 첨가하면 반죽시간을 줄일 수 있다.
2. 일반 빵 반죽에 비하여 반죽시간이 오래 걸린다.
3. 반죽온도가 29℃로 되어 있지만 유지가 많이 들어가는 반죽일수록 반죽온도가 24~27℃ 정도로 낮은 것이 좋다.
4. 유지가 많은 반죽이므로 달라붙지 않으면 가급적 덧가루를 많이 사용하지 않도록 한다.
5. 성형 시 8~10g을 다시 분할하는 과정에 많은 시간이 소요되므로 따로 중간발효시간을 갖지 않아도 되며 가운데 구멍을 뚫어줄 때와 머리 부분을 올릴 때 중앙을 정확하게 맞추어야 발효됐을 때 기울어지지 않는다.
6. 2차 발효 완료점은 몸통 부분을 기준으로 하여 팬 높이가 되면 된다.
7. 달걀물은 달걀노른자(1) : 물(2)의 비율로 혼합하여 체에 쳐서 만든다.
8. 만들어 놓은 달걀물을 붓으로 아래에서 위로 쓸어 올리듯 고르게 발라주어야 밑에 흐르는 것을 방지할 수 있다.

제품 평가표

제조 공정						제품 평가		
순서	세부항목	배점	순서	세부항목	배점	순서	세부항목	배점
1	계량시간	2	12	중간발효	2	22	부피	8
2	재료손실	2	13	정형숙련도	4	23	외부균형	8
3	계량정확	2	14	정형상태	5	24	껍질	8
4	반죽혼합순서	2	15	팬에 넣기	2	25	내상	8
5	반죽상태	4	16	2차 발효관리	2	26	맛과 향	8
6	반죽온도	3	17	발효상태	4			
7	1차 발효관리	2	18	굽기 관리	2			
8	발효상태	4	19	구운 상태	4			
9	분할시간	2	20	정리정돈 및 청소	4			
10	분할 숙련	2	21	개인위생	4			
11	둥글리기	2						

그리시니

Grissini

■그리시니를 제조하여 제출하시오.

1. 배합표의 각 재료를 계량하여 재료별로 진열하시오(8분).

2. 전 재료를 동시에 투입하여 믹싱하시오(스트레이트법).

3. 반죽온도는 27℃를 표준으로 하시오.

4. 1차 발효시간은 30분 정도로 하시오.

5. 분할무게는 30g, 길이는 35~40cm로 성형하시오.

6. 반죽은 전량을 사용하여 성형하시오.

배합표

구분	재료	비율(%)	무게(g)
1	강력분	100	700
2	설탕	1	7
3	건조 로즈마리	0.14	1
4	소금	2	14
5	이스트	3	21
6	버터	12	84
7	올리브유	2	14
8	물	62	434
합계		182.14	1,275

수험자 유의사항

1. 시험시간은 재료 계량시간이 포함된 시간이다.

2. 안전사고가 없도록 유의한다.

3. 의문 사항이 있으면 감독위원에게 문의하고, 감독위원의 지시에 따른다.

4. 다음과 같은 경우에는 채점 대상에서 제외된다.

　① 시험시간 내에 작품을 제출하지 못한 경우

　② 시험시간 내에 제출된 작품이라도 다음과 같은 경우

　　· 작품의 가치가 없을 정도로 타거나 익지 않은 경우

　　· 요구사항을 준수하지 않았을 경우

　　· 지급된 재료 이외의 재료를 사용한 경우

　③ 시험 중 시설·장비의 조작 또는 재료의 취급이 미숙하여 위해를 일으킬 것으로 감독위원 전원이 합의하여 판단한 경우

　④ 항목별 배점: 제조 공정 60점, 제품평가 40점

제조 공정

1. 재료 계량

재료를 담을 용기의 무게를 측정하여 기록하고, 전 재료를 제한시간 내에 손실과 오차 없이 정확히 계량하여 재료별로 진열한다. ❶

🚩 제한시간 내에 재료 손실이 없이 전 재료를 정확하게 계량하면 만점, 시간을 초과하면 0점 처리한다.

2. 이스트 용해

이스트양의 3~5배의 물(계량된 물의 일부를 이용)에 이스트를 풀어 사용한다.

🚩 5~10분 전에 용해하여 사용한다.

3. 가루재료 체질

가루재료(강력분)를 30cm 정도의 높이에서 체질하여 재료를 골고루 분산시키고, 재료에 공기를 혼입시키며, 이물질을 제거한다.

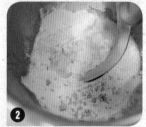

4. 반죽

① 전 재료를 믹싱 볼에 넣고 믹싱한다. ❷
② 로즈마리는 한 번 살짝 칼로 잘라서 믹싱할 때 같이 투입한다. ❸
③ 발전단계에서 믹싱을 완료한다. ❹
④ 반죽온도: 27±1℃

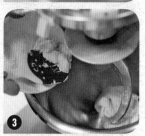

5. 1차 발효

① 1차 발효는 30분 정도로 짧게 한다. ❺
② 발효실 온도: 27℃, 습도: 75~80%, 시간: 25~30분

6. 성형

① 분할

분할 도중에도 발효가 진행하므로 스크레이퍼(scraper)를 사용하여 짧은 시간 내에 정확히 30g을 분할한다. ❻

🚩 반죽과 발효 과정에서 형성된 글루텐 막의 손상이 최소화될 수 있도록 한다.

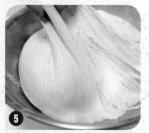

② 둥글리기

반죽 표면이 매끄럽고 모양이 일정하게 신속히 작업한다.

🚩 반죽의 표피가 찢어지지 않도록 주의한다.

③ 중간발효

발효온도: 실온, 습도 70% 내외, 시간: 10~20분

> 🔖 반죽의 표피가 건조되지 않도록 비닐이나 젖은 헝겊(물기 제거)으로 덮어서 실내에서 10~20분 정도 중간발효를 실시한다.

④ 정형

중간발효가 완료된 반죽을 10cm 정도의 막대 모양으로 밀어 편 다음, 다시 길이가 35~40cm의 가느다란 원기둥 모양의 막대기 형태로 성형한다. ❼, ❽, ❾

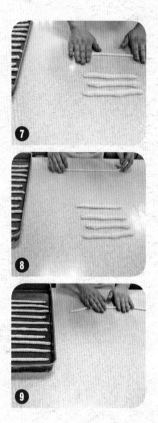

7. 팬닝

평철판에 기름칠을 얇게 칠하고, 반죽이 서로 붙지 않을 정도의 간격으로 팬닝한다.

8. 2차 발효

발효실 온도: 30~32℃, 습도 80~90%, 시간 20~30분

9. 굽기

① 오븐 온도: 윗불 200℃, 밑불 150℃

② 시간: 15~20분

> 🔖 색상이 균일하고 표면이 건조한 상태까지 굽는다.

🧤
1. 모든 재료를 한꺼번에 넣고 반죽한다.
2. 반죽에 식용유가 들어가 가스 포집을 적게 하는 빵이다.
3. 로즈마리는 칼로 자르거나 다져서 처음부터 첨가한다.
4. 두께와 굵기가 고르게 나와야 오븐에서 구웠을 때 비슷한 색깔이 난다.
5. 스틱이므로 구웠을 때 바삭한 느낌이 있어야 한다.
6. 약간 높은 온도에서 구워야 황금갈색이 난다.

📋 제품 평가표

제조 공정						제품 평가		
순서	세부항목	배점	순서	세부항목	배점	순서	세부항목	배점
1	계량시간	2	12	중간발효	2	22	부피	8
2	재료손실	2	13	정형숙련도	4	23	외부균형	8
3	계량정확	2	14	정형상태	5	24	껍질	8
4	반죽혼합순서	2	15	팬에 넣기	2	25	내상	8
5	반죽상태	4	16	2차 발효관리	2	26	맛과 향	8
6	반죽온도	2	17	발효상태	4			
7	1차 발효관리	2	18	굽기 관리	2			
8	발효상태	4	19	구운 상태	4			
9	분할시간	2	20	정리정돈 및 청소	4			
10	분할 숙련	2	21	개인위생	4			
11	둥글리기	2						

밤식빵

Chestnut Bread

: 스트레이트법

수험자 유의사항

1. 시험시간은 재료 계량시간이 포함된 시간이다.
2. 안전사고가 없도록 유의한다.
3. 의문 사항이 있으면 감독위원에게 문의하고, 감독위원의 지시에 따른다.
4. 다음과 같은 경우에는 채점 대상에서 제외된다.
   ① 시험시간 내에 작품을 제출하지 못한 경우
   ② 시험시간 내에 제출된 작품이라도 다음과 같은 경우
      · 작품의 가치가 없을 정도로 타거나 익지 않은 경우
      · 요구사항을 준수하지 않았을 경우
      · 지급된 재료 이외의 재료를 사용한 경우
   ③ 시험 중 시설·장비의 조작 또는 재료의 취급이 미숙하여 위해를 일으킬 것으로 감독위원 전원이 합의하여 판단한 경우
   ④ 항목별 배점: 제조 공정 60점, 제품평가 40점

요구사항

■ 밤식빵을 제조하여 제출하시오.

1. 반죽 재료를 계량하여 재료별로 진열하시오(10분).
2. 반죽은 스트레이트법으로 제조하시오.
3. 반죽온도는 27℃를 표준으로 하시오.
4. 분할무게는 450g으로 하고, 성형 시 450g의 반죽에 80g의 통조림 밤을 넣고 정형하시오(한 덩이: one loaf).
5. 토핑물을 제조하여 굽기 전에 토핑하고 아몬드를 뿌리시오.
6. 반죽은 전량을 사용하여 성형하시오.

배합표

1. 빵 반죽

구분	재료	비율(%)	무게(g)
1	강력분	80	960
2	중력분	20	240
3	물	52	624
4	이스트	4	48
5	제빵개량제	1	12
6	소금	2	24
7	설탕	12	144
8	버터	8	96
9	분유	3	36
10	달걀	10	120
	합계	192	2304

2. 토핑용 반죽

구분	재료	비율(%)	무게(g)
1	마가린	100	100
2	설탕	60	60
3	베이킹파우더	2	2
4	달걀	60	60
5	중력분	100	100
6	아몬드슬라이스	50	50
	합계	372	372

3. 밤(시럽 제외)

구분	재료	비율(%)	무게(g)
1	밤(다이스)	35	420
	합계	35	420

제조 공정

1. 재료 계량

재료를 담을 용기의 무게를 측정하여 기록하고, 전 재료를 제한시간 내에 손실과 오차 없이 정확히 계량하여 재료별로 진열한다.

📌 제한시간 내에 재료 손실이 없이 전 재료를 정확하게 계량하면 만점, 시간을 초과하면 0점 처리한다.

2. 이스트 용해

이스트양의 3~5배의 물(계량된 물의 일부를 이용)에 이스트를 풀어 사용한다. ❶

📌 5~10분 전에 용해하여 사용한다.

3. 가루재료 체질

가루재료(강력분, 중력분, 제빵개량제, 분유)를 가볍게 혼합한 후 30cm 정도의 높이에서 체질하여 재료를 골고루 분산시키고, 재료에 공기를 혼입시키며, 이물질을 제거한다. ❷

4. 반죽

① 밤과 유지(버터)를 제외한 전 재료(건재료+이스트 용해액+달걀+물)를 믹싱 볼에 넣고 믹싱한다. ❸

📌 저속(1단 속도)으로 수화(1~2분 정도)시키고, 중속(2~3단 속도)으로 1분 정도 믹싱한다.

📌 반죽온도 조절을 위하여 물 온도를 조정하여 사용하며 물의 온도는 겨울철에는 온수를 사용하고 여름철에는 수돗물을 사용한다.

② '클린업 단계'에서 유지(버터)를 투입하고 저속으로 혼합한다. ❹

③ 유지가 반죽에 전체적으로 흡수되면 중속으로 최종 단계까지 믹싱한다. ❺

④ 반죽온도: 27±1℃

5. 1차 발효

① 믹싱이 완료된 반죽을 표피가 매끄러운 상태가 되도록 하여 얇게 기름칠한 그릇에 담은 후, 반죽 표피가 건조되지 않도록 비닐 또는 면포로 덮어 1차 발효를 시킨다. ❻

② 발효실 온도: 27℃, 습도: 75~80%, 시간: 60~90분

③ 발효상태

🍞 처음 반죽 부피의 3~3.5배 정도가 부풀고 손가락에 밀가루를 묻혀 반죽의 윗면을 눌렀을 때 손가락 자국이 남는 상태이거나 반죽의 속 부분을 약간 늘려 보았을 때 유연한 섬유질 상태가 되면 된다.

6. 토핑용 반죽 만들기(빵 반죽의 1차 발효 중 또는 2차 발효 중에 만든다)

① 마가린을 부드럽게 풀어준 후 설탕을 넣고 크림화시킨다. ❼

② 달걀을 조금씩 넣으면서 부드러운 크림 상태로 만든다. ❽

③ 체질한 가루재료(중력분+베이킹파우더)를 넣고 균일하게 섞는다. ❾

7. 성형

① 분할

분할 도중에도 발효가 진행하므로 스크레이퍼(scraper)를 사용하여 짧은 시간 내에 정확히 450g을 분할한다. ❿

🍞 반죽과 발효 과정에서 형성된 글루텐 막의 손상이 최소화될 수 있도록 한다.

② 둥글리기

반죽 표면이 매끄럽고 모양이 일정하게 신속히 작업한다. ⓫

🍞 반죽의 표피가 찢어지지 않도록 주의한다.

③ 중간발효

발효온도: 실온, 습도 70% 내외, 시간: 10~20분 ⓬

🍞 반죽의 표피가 건조되지 않도록 비닐이나 젖은 헝겊(물기 제거)으로 덮어서 실내에서 10~20분 정도 중간발효를 실시한다.

🍞 중간발효시간이 짧은 경우는 밀어 펴기 작업 시 반죽이 수축되어 작업이 어렵고, 과도하게 발효가 진행된 경우는 반죽이 처지게 된다.

④ 정형

- 반죽을 밀대를 이용하여 타원형의 모양으로 두께가 일정하도록 밀어 펴 가스를 빼준다. **⑬**

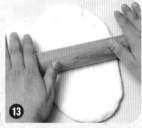

> 🔖 밀어 펴기 중에는 작업대 위에 최소한의 덧가루를 사용하여 작업대와 반죽이 붙지 않도록 하고, 반죽 윗면과 밀대에도 덧가루를 묻혀 반죽과 밀대가 붙지 않도록 한다.

- 과도한 덧가루는 털어낸 후 반죽의 매끄러운 면이 아래로 향하도록 하고 그 위에 충전용 밤(당절임된 밤) 80g을 골고루 뿌린다. **⑭**

- 둥글게 단단히 말아준 후 마지막 이음매를 잘 봉합한다. **⑮**

> 🔖 반죽의 매끄러운 면이 표면에 나타나게 말아준다.

8. 팬닝

① 식빵 팬의 내부에 기름칠을 적당히 한다.

② 정형한 반죽의 이음매가 팬의 바닥으로 향하게 하여 팬에 넣는다. **⑯**

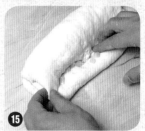

> 🔖 반죽은 둥글게 말려진 방향이 일치하도록 팬닝한다.

③ 제품의 밑면이 평평하게 잘 나오도록 하기 위해 손등으로 반죽의 윗면을 가볍게 눌러준다. **⑰**

9. 2차 발효

① 발효실 온도: 35~38℃, 습도: 85%, 시간: 30~40분

② 발효상태

> 🔖 반죽이 식빵 팬 높이보다 1cm 정도 높게 올라오는 시점까지 발효시킨다. **⑱**

10. 토핑

토핑용 반죽을 모양의 깍지를 끼운 짤주머니에 담고, 빵 반죽 위에 균일한 두께와 넓이로 짠 후, 슬라이스 아몬드를 토핑물 위에 뿌린다. **⑲, ⑳**

11. 굽기

① 오븐 온도: 윗불 160℃, 밑불 190℃

② 시간: 30~40분

③ 오븐의 위치에 따라 온도 차이가 있을 수 있으므로 시간이 약 25분 정도 경과 후 팬의 위치를 바꾸어 전체 제품의 색깔이 균일하게 유지되고 내부가 충분히 익도록 한다.

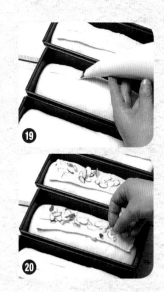

🖐 식빵 팬과 팬 사이는 일정한 간격을 유지하여 열전달이 용이하게 하여 제품의 옆면이 황금갈색으로 충분히 색깔이 나야 한다. 그렇지 않으면 틀에서 제품을 꺼낸 후 식히는 과정에서 주저앉게 된다.

🧤 1. 2차 발효 완료점은 팬 아래 1~2cm 정도가 적당하다.
2. 토핑물을 짜는 숙련도에 따라 2차 발효 완료점을 가감한다.
3. 충전용 밤이 너무 클 때는 적당한 크기로 잘라준다.
4. 토핑물을 너무 많이 짜면 옆면으로 흘러내린다.
5. 오븐에서 덜 구웠을 때 옆면이 주저앉을 수 있다.

🕐 제품 평가표

제조 공정						제품 평가		
순서	세부항목	배점	순서	세부항목	배점	순서	세부항목	배점
1	계량시간	2	11	둥글리기	2	21	부피	8
2	재료손실	2	12	밤 첨가 및 성형	5	22	외부균형	8
3	계량정확	2	13	팬에 넣기	2	23	껍질	8
4	반죽혼합순서	2	14	2차 발효관리	2	24	내상	8
5	반죽상태	4	15	발효상태	3	25	맛과 향	8
6	반죽온도	3	16	토핑용 반죽 짜기	5			
7	1차 발효관리	2	17	굽기 관리	2			
8	발효상태	4	18	구운 상태	3			
9	분할시간	5	19	정리정돈 및 청소	4			
10	분할시간	2	20	개인위생	4			

베이글

Bagel

: 스트레이트법

요구사항

■ 베이글을 제조하여 제출하시오.

1. 배합표의 각 재료를 계량하여 재료별로 진열하시오(7분).
2. 반죽은 스트레이트법으로 제조하시오.
3. 반죽온도는 27℃를 표준으로 하시오.
4. 1개당 분할중량은 80g으로 하고 링 모양으로 정형하시오.
5. 반죽은 전량을 사용하여 성형하시오.
6. 2차 발효 후 끓는 물에 데쳐 팬닝하시오.
7. 팬 2개에 완제품 16개를 구워 제출하시오.

배합표

구분	재료	비율(%)	무게(g)
1	강력분	100	900
2	물	60	540
3	이스트	3	27
4	제빵개량제	1	9
5	소금	2.2	(20)
6	설탕	2	18
7	식용유	3	27
합계		171.2	1541

제조 공정

1. 재료 계량

재료를 담을 용기의 무게를 측정하여 기록하고, 전 재료를 제한시간 내에 손실과 오차 없이 정확히 계량하여 재료별로 진열한다. ❶

📋 제한시간 내에 재료 손실이 없이 전 재료를 정확하게 계량하면 만점, 시간을 초과하면 0점 처리한다.

2. 전처리

가루재료(강력분)를 30cm 정도의 높이에서 체질하여 재료를 골고루 분산시키고, 재료에 공기를 혼입시키며, 이물질을 제거한다.

3. 이스트 용해

이스트양의 3~5배의 물(계량된 물의 일부를 이용)에 이스트를 풀어 사용한다.

📋 5~10분 전에 용해하여 사용한다.

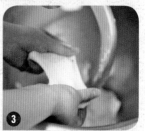

4. 반죽

① 믹싱 볼에 전 재료를 넣고 저속(1단 속도)으로 2분 정도 수화시키고, 중속으로 10분 정도 믹싱하여 발전단계까지 믹싱한다. ❷, ❸

② 반죽온도: 27℃

5. 1차 발효

① 믹싱이 완료된 반죽을 표피가 매끄러운 상태가 되도록 하여 얇게 기름칠한 그릇에 담은 후, 반죽 표피가 건조되지 않도록 비닐 또는 면포로 덮어 1차 발효를 시킨다. ❹

② 발효실 온도: 27℃, 습도: 65~75%, 시간: 70~120분

③ 발효상태

📋 처음 반죽 부피의 3배 정도가 부풀고 손가락에 밀가루를 묻혀 반죽의 윗면을 눌렀을 때 손가락 자국이 남는 상태이거나 반죽의 속 부분을 약간 늘려 보았을 때 유연한 섬유질 상태가 되면 된다.

6. 성형

① 분할

80g을 분할한다. ❺

② 둥글기기

반죽 표면이 매끄럽고 반죽이 찢어지지 않게 원형의 모양으로 둥글리기 한다.

③ 중간발효

발효온도: 실온, 습도 70% 내외, 시간: 10~20분

> 📌 반죽의 표피가 건조되지 않도록 비닐이나 젖은 헝겊(물기 제거)으로 덮어서 실내에서 10~20분 정도 중간발효를 실시한다.

④ 정형

- 밀대를 이용하여 가스를 빼면서 밀어준다.
- 밀어준 반죽을 윗면과 아랫면을 접어준다. ❻
- 3~4번 정도 접어주면서 가스를 뺀다.
- 20cm 길이의 막대형으로 맞추면서 두께가 일정하도록 살짝 밀어 정리한다.
- 이음매를 위로 뒤집은 다음 끝부분을 밀대로 얇게 밀어준다.
- 민 부분에 처음 끝을 감싼다. ❼
- 떨어지지 않도록 촘촘하게 일정한 원형이 되도록 한다. ❽
- 동일한 크기의 원형이 되도록 잡아준다.

7. 팬닝

평철판에 기름칠을 얇게 칠하고, 한 팬에 8개씩 일정한 간격으로 팬닝한다. 반죽의 이음매가 바닥으로 오도록 하여 서로 붙지 않을 정도의 간격으로 팬닝한다. ❾

8. 2차 발효

발효실 온도: 30~34℃, 습도: 80%, 시간: 25~30분

9. 데치기

① 발효가 끝난 반죽의 표면을 약간 건조시킨다.

② 굽기 전에 실온에서 약간 건조시킨 후 뒤집어서 데친다. ❿

③ 주걱이나 스패츌러를 이용해 뒤집어 데친 후 물기를 빼준다. ⓫

④ 이음매가 밑으로 가게 하여 팬닝을 다시 한다.

⑤ 다시 2차 발효를 15~20분 정도 한다.

10. 굽기

① 오븐 온도: 윗불 200℃, 밑불 170℃

② 시간: 15~20분

Bagel

1. 반죽의 이음매가 위로 오게 해서 밀어 편다. 이렇게 하면 성형할 때 이음매가 반죽 안쪽으로 들어가게 된다.

2. 베이글의 발효는 일반 빵에 비해 덜 시키는 것이 좋다.

3. 성형 후 팬닝할 때 밑면에 덧가루를 살짝 묻히고 팬닝하면 철판에서 떨어지기 쉽고 모양이 흐트러지는 것을 방지할 수 있다.

4. 베이글을 끓는 물에 살짝 데치는 이유는 겉면의 전분을 호화시켜 광택을 주며 익은 표면은 오븐에서 팽창이 안 되어 베이글 특유의 쫄깃한 식감이 나온다.

5. 데칠 때 물에 설탕이나 소금을 첨가하면 끓는점을 높일 수 있으며, 빵 겉면의 광택을 좋게도 한다. 너무 오래 데치면 부피가 작을 수도 있다.

제품 평가표

제조 공정						제품 평가		
순서	세부항목	배점	순서	세부항목	배점	순서	세부항목	배점
1	계량시간	2	12	중간발효	2	23	부피	8
2	재료손실	2	13	정형숙련도	4	24	외부균형	8
3	계량정확	2	14	정형상태	5	25	껍질	8
4	반죽혼합순서	2	15	팬에 넣기	2	26	내상	8
5	반죽상태	4	16	2차 발효관리	2	27	맛과 향	8
6	반죽온도	2	17	발효상태	5			
7	1차 발효관리	2	18	데치기	2			
8	발효상태	4	19	굽기 관리	3			
9	분할시간	2	20	구운 상태	4			
10	분할 숙련	2	21	정리정돈 및 청소	4			
11	둥글리기	2	22	개인위생	4			

Hamburger

Bun

햄버거빵

Hamburger

: 스트레이트법

요구사항

■ 햄버거빵을 제조하여 제출하시오.

1. 배합표의 각 재료를 계량하여 재료별로 진열하시오(10분).

2. 반죽은 스트레이트법으로 제조하시오(단, 유지는 클린업 단계에 첨가하시오).

3. 반죽온도는 27℃를 표준으로 하시오.

4. 반죽 분할무게는 개당 60g으로 제조하시오.

5. 모양은 원반형이 되도록 하시오.

6. 반죽은 전량을 사용하여 성형하시오.

배합표

구분	재료	비율(%)	무게(g)
1	중력분	30	330
2	강력분	70	770
3	이스트	3	33
4	제빵개량제	2	22
5	소금	1.8	19.8
6	마가린	9	99
7	탈지분유	3	33
8	달걀	8	88
9	물	48	528
10	설탕	10	110
합계		184.8	2032.8

수험자 유의사항

1. 시험시간은 재료 계량시간이 포함된 시간이다.

2. 안전사고가 없도록 유의한다.

3. 의문 사항이 있으면 감독위원에게 문의하고, 감독위원의 지시에 따른다.

4. 다음과 같은 경우에는 채점 대상에서 제외된다.

　① 시험시간 내에 작품을 제출하지 못한 경우

　② 시험시간 내에 제출된 작품이라도 다음과 같은 경우

　　· 작품의 가치가 없을 정도로 타거나 익지 않은 경우

　　· 요구사항을 준수하지 않았을 경우

　　· 지급된 재료 이외의 재료를 사용한 경우

　③ 시험 중 시설·장비의 조작 또는 재료의 취급이 미숙하여 위해를 일으킬 것으로 감독위원 전원이 합의하여 판단한 경우

　④ 항목별 배점: 제조 공정 60점, 제품평가 40점

제조 공정

1. 재료 계량

재료를 담을 용기의 무게를 측정하여 기록하고, 전 재료를 제한시간 내에 손실과 오차 없이 정확히 계량하여 재료별로 진열한다.

🖐 제한시간 내에 재료 손실이 없이 전 재료를 정확하게 계량하면 만점, 시간을 초과하면 0점 처리한다.

2. 전처리

가루재료(강력분, 중력분, 이스트 푸드, 탈지분유)를 가볍게 혼합하여 30cm 정도의 높이에서 체질하여 재료를 골고루 분산시키고, 재료에 공기를 혼입시키며, 이물질을 제거한다. ❶

3. 이스트 용해

이스트양의 3~5배의 물(계량된 물의 일부를 이용)에 이스트를 풀어 사용한다. ❷

🖐 5~10분 전에 용해하여 사용한다.

4. 반죽

① 유지(마가린)를 제외한 전재료(건재료+이스트 용해액+달걀+물)를 믹싱 볼에 넣고 믹싱한다. ❸

🖐 저속(1단 속도)으로 수화(1~2분 정도)시키고, 중속(2~3단 속도)으로 1분 정도 믹싱한다.

🖐 반죽온도 조절을 위하여 물 온도를 조정하여 사용하며 물의 온도는 겨울철에는 온수를 사용하고 여름철에는 수돗물을 사용한다.

② '클린업 단계'에서 유지를 투입하고 저속으로 반죽하여 윤기와 탄력성을 갖도록 한다. ❹

③ 유지가 반죽에 전체적으로 흡수되면 중속으로 최종 단계까지 믹싱한다. ❺

④ 반죽온도: 27±1℃

5. 1차 발효

① 믹싱이 완료된 반죽을 표피가 매끄러운 상태가 되도록 하여 얇게 기름칠한 그릇에 담은 후, 반죽 표피가 건조되지 않도록 비닐 또는 면포로 덮어 1차 발효를 시킨다. ❻

② 발효실 온도: 27℃, 습도: 75~80%, 시간: 80~100분

③ 발효상태

▶ 처음 반죽 부피의 2~2.5배 정도가 부풀고 손가락에 밀가루를 묻혀 반죽의 윗면을 눌렀을 때 손가락 자국이 남는 상태이거나 반죽의 속 부분을 약간 늘려 보았을 때 유연한 섬유질 상태가 되면 된다. ❼

6. 성형

① 분할

분할 도중에도 발효가 진행하므로 스크레이퍼(scraper)를 사용하여 짧은 시간 내에 정확히 60g을 분할한다. ❽

▶ 반죽과 발효 과정에서 형성된 글루텐 막의 손상이 최소화될 수 있도록 한다.

② 둥글리기

반죽 표면이 매끄럽고 모양이 일정하게 신속히 작업한다. ❾

▶ 반죽의 표피가 찢어지지 않도록 주의한다.

③ 중간발효

발효온도: 실온, 습도 70% 내외, 시간: 10~20분

▶ 반죽의 표피가 건조되지 않도록 비닐이나 젖은 헝겊(물기제거)으로 덮어서 실내에서 10~20분 정도 중간발효를 실시한다.

④ 정형

▪ 작업대 위에 덧가루를 뿌리고 반죽을 밀대로 밀어 큰 가스를 빼준다. ❿

▪ 지름 8cm 정도의 크기로 원반형으로 만든다.

▶ 반죽의 표피가 매끈하도록 하고 모양과 두께가 일정하도록 한다.

7. 팬닝

반죽이 서로 달라붙지 않게 철판에 일정한 간격을 유지하면서 팬닝한다. ⓫

8. 2차 발효

① 발효실 온도: 35~40℃, 습도: 80~85%, 시간: 30~40분

② 발효상태

▶ 가스 보유력이 최대인 상태까지 발효한다. ⓬

9. 달걀물 칠

발효 후 달걀노른자(1): 물(2)의 비율로 혼합하여 체를 통과시킨 달걀물을 붓으로 고르게 바른다. ⓭

10. 굽기

① 오븐 온도: 윗불 190℃, 밑불 160℃

② 시간: 12~15분

③ 오븐의 위치에 따라 온도 차이가 있을 수 있으므로, 일정시간이 경과한 후 철판의 위치를 바꾸어 전체 제품의 색깔이 균일하게 유지되고 내부가 충분히 익도록 한다.

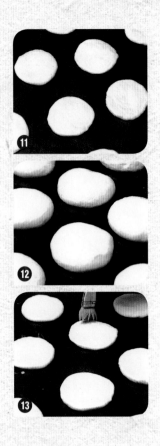

Hamburger

1. 햄버거 전용팬일 경우 렛 다운 단계까지 믹싱하지만 평철판을 사용할 때에는 최종단계까지 믹싱한다.
2. 60g씩 스크레이퍼를 이용하여 신속하고 정확하게 분할한다.
3. 중간발효 후 재 둥글리기를 한 후 직경 7~8cm가 되도록 밀어 편 다음 8개씩 팬닝한다.
4. 달걀물을 만들어 윗면을 발라준 후 2차 발효를 충분히 한다.
5. 윗면색이 연하게 나면 팬을 돌려준 후 전체적으로 황금갈색이 나도록 굽는다.

🏅 제품 평가표

제조 공정						제품 평가		
순서	세부항목	배점	순서	세부항목	배점	순서	세부항목	배점
1	계량시간	2	12	중간발효	2	22	부피	8
2	재료손실	2	13	정형숙련도	4	23	외부균형	8
3	계량정확	2	14	정형상태	5	24	껍질	8
4	반죽혼합순서	2	15	팬에 넣기	2	25	내상	8
5	반죽상태	4	16	2차 발효관리	2	26	맛과 향	8
6	반죽온도	3	17	발효상태	4			
7	1차 발효관리	2	18	굽기 관리	2			
8	발효상태	4	19	구운 상태	4			
9	분할시간	2	20	정리정돈 및 청소	4			
10	분할 숙련	2	21	개인위생	4			
11	둥글리기	2						

스위트롤

Sweet Roll

: 스트레이트법

요구사항

■ 스위트롤을 제조하여 제출하시오.

1. 배합표의 각 재료를 계량하여 재료별로 진열하시오(11분).
2. 반죽은 스트레이트법으로 제조하시오(단, 유지는 클린업 단계에 첨가 하시오).
3. 반죽온도는 27℃를 표준으로 사용하시오.
4. 야자잎형, 트리플리프형(세잎새형)의 2가지 모양으로 만드시오.
5. 계피설탕은 각자가 제조하여 사용하시오.
6. 반죽은 전량을 사용하여 성형하시오.

배합표

구분	재료	비율(%)	무게(g)
1	강력분	100	1200
2	물	46	552
3	이스트	5	60
4	제빵개량제	1	12
5	소금	2	24
6	설탕	20	240
7	쇼트닝	20	240
8	분유	3	36
9	달걀	15	180
10	설탕-충전용	15	180
11	계피가루-충전용	1.5	18
합계		228.5	2,742

수험자 유의사항

1. 시험시간은 재료 계량시간이 포함된 시간이다.
2. 안전사고가 없도록 유의한다.
3. 의문 사항이 있으면 감독위원에게 문의하고, 감독위원의 지시에 따른다.
4. 다음과 같은 경우에는 채점 대상에서 제외된다.
   ① 시험시간 내에 작품을 제출하지 못한 경우
   ② 시험시간 내에 제출된 작품이라도 다음과 같은 경우

   · 작품의 가치가 없을 정도로 타거나 익지 않은 경우
   · 요구사항을 준수하지 않았을 경우
   · 지급된 재료 이외의 재료를 사용한 경우
   ③ 시험 중 시설·장비의 조작 또는 재료의 취급이 미숙하여 위해를 일으킬 것으로 감독위원 전원이 합의하여 판단한 경우
   ④ 항목별 배점: 제조 공정 60점, 제품평가 40점

1. 재료 계량

재료를 담을 용기의 무게를 측정하여 기록하고, 전 재료를 제한시간 내에 손실과 오차 없이 정확히 계량하여 재료별로 진열한다.

▶ 제한시간 내에 재료 손실이 없이 전 재료를 정확하게 계량하면 만점, 시간을 초과하면 0점 처리한다.

2. 전처리

가루재료(강력분, 탈지분유, 이스트 푸드)를 가볍게 혼합하여 30cm 정도의 높이에서 체질하여 재료를 골고루 분산시키고, 재료에 공기를 혼입시키며, 이물질을 제거한다. ❶

3. 이스트 용해

이스트양의 3~5배의 물(계량된 물의 일부를 이용)에 이스트를 풀어 사용한다. ❷

▶ 5~10분 전에 용해하여 사용한다.

4. 반죽

① 유지(쇼트닝)를 제외한 전 재료(건재료+이스트 용해액+달걀+물)를 믹싱 볼에 넣고 믹싱한다. ❸

▶ 저속(1단 속도)으로 수화(1~2분 정도)시키고, 중속(2~3단 속도)으로 1분 정도 믹싱한다.

▶ 반죽온도 조절을 위하여 물 온도를 조정하여 사용하며 물의 온도는 겨울철에는 온수를 사용하고 여름철에는 수돗물을 사용한다.

② '클린업 단계'에서 유지(쇼트닝)를 투입하고 저속으로 혼합한다. ❹

③ 유지가 반죽에 전체적으로 흡수되면 중속으로 최종 단계까지 믹싱한다. ❺

④ 반죽온도: 27±1℃

5. 1차 발효

① 믹싱이 완료된 반죽을 표피가 매끄러운 상태가 되도록 하여 얇게 기름칠한 그릇에 담은 후, 반죽 표피가 건조되지 않도록 비닐 또는 면포로 덮어 1차 발효를 시킨다. ❻

- 발효실 온도: 27℃, 습도: 75~80%, 시간: 60~90분

- 발효상태

🏫 처음 반죽 부피의 3~3.5배 정도가 부풀고 손가락에 밀가루를 묻혀 반죽의 윗면을 눌렀을 때 손가락 자국이 남는 상태이거나 반죽의 속 부분을 약간 늘려 보았을 때 유연한 섬유질 상태가 되면 된다. ❼

6. 성형

① 반죽을 가로 80cm, 세로 30cm, 두께 0.6~0.8cm인 직사각형으로 밀어 편다. ❽

🏫 작업대 위에 최소한의 덧가루를 뿌려 작업대와 반죽이 붙지 않도록 하고, 반죽 윗면과 밀대에도 덧가루를 묻혀 반죽과 밀대가 붙지 않도록 한다.

② 가로 부분의 상단 1cm 정도만 남겨두고, 약간 걸쭉하게 용해한 버터나 마가린을 밀어 편 반죽 위에 고르게 바른다. ❾

③ 충전용 설탕과 계피를 섞어 버터를 바른 반죽 위에 고르게 뿌린다. ❿

④ 반죽의 1cm 정도 남겨둔 곳에 붓으로 물을 칠한다. ⓫

⑤ 원통형으로 단단히 말아서 이음매를 잘 붙인다. ⓬, ⓭

⑥ 굵기를 일정하게 하면서 전체 길이가 95cm 정도의 길이로 늘인다.

🏫 야자잎형: 원통형의 반죽을 4cm 정도 되게 자른 후 가운데를 두께의 2/3 정도를 칼로 잘라 옆으로 눕히듯이 같은 방향으로 벌려놓는다.

🏫 트리플리프형: 원통형의 반죽을 5cm 정도 되게 자른 후 2군데를 두께의 2/3 정도를 칼로 잘라 옆으로 눕히듯이 같은 방향으로 벌려놓는다. ⓮

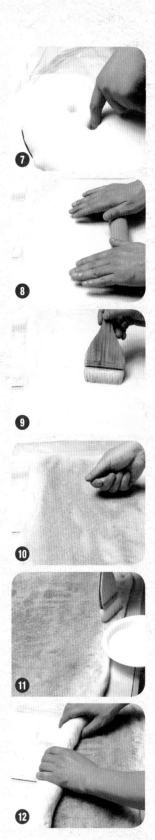

7. 팬닝

평철판에 기름칠을 얇게 칠하고, 한 철판에 동일한 모양과 크기가 같은 것끼리 반죽이 서로 붙지 않을 정도의 간격으로 팬닝한다. ⓑ

8. 2차 발효

① 발효실 온도: 35~40℃, 습도: 80~85%, 시간: 25~35분

② 발효상태

▶ 가스 보유력이 최대인 상태까지 발효한다. ⓰

9. 굽기

① 오븐 온도: 윗불 180℃, 밑불 150℃

② 시간: 12~15분(야자잎형, 트리플리프형)

③ 오븐의 위치에 따라 온도 차이가 있을 수 있으므로, 일정시간이 경과한 후 철판의 위치를 바꾸어 전체 제품의 색깔이 균일하게 유지되고 내부가 충분히 익도록 한다.

Sweet Roll

1. 1차 발효 후 바로 성형이 들어가므로 평철판은 미리 준비한다.
2. 1차 발효된 반죽을 가로 80cm, 세로 30cm, 두께 0.6~0.8cm로 민 후 물이나 버터 녹인 것, 또는 달걀물을 발라준다.
3. 모양이 같은 것끼리 팬닝하여 2차 발효시간과 굽기 시간을 같게 한다. 색이 고르게 나게 팬을 돌려주면서 굽는다.
4. 계피설탕이 너무 적으면 줄무늬가 뚜렷하지 않고 너무 많으면 쉽게 벌어진다.
5. 2차 발효실 습도가 너무 높으면 녹아내릴 수 있다.

제품 평가표

제조 공정						제품 평가		
순서	세부항목	배점	순서	세부항목	배점	순서	세부항목	배점
1	계량시간	2	11	밀기 및 성형	5	21	부피	8
2	재료손실	2	12	정형숙련도	3	22	외부균형	8
3	계량정확	2	13	정형상태	4	23	껍질	8
4	반죽혼합순서	2	14	팬에 넣기	3	24	내상	8
5	반죽상태	4	15	2차 발효관리	2	25	맛과 향	8
6	반죽온도	3	16	발효상태	4			
7	1차 발효관리	2	17	굽기 관리	2			
8	발효상태	4	18	구운 상태	3			
9	밀어 펴기	3	19	정리정돈 및 청소	4			
10	충전물 뿌리기	2	20	개인위생	4			

우유식빵

Milk Bread

: 스트레이트법

요구사항

■ 우유식빵을 제조하여 제출하시오.

1. 배합표의 각 재료를 계량하여 재료별로 진열하시오(7분).
2. 반죽은 스트레이트법으로 제조하시오(단, 유지는 클린업 단계에 첨가하시오).
3. 반죽온도는 27℃를 표준으로 하시오.
4. 표준분할무게는 180g으로 하고, 제시된 팬의 용량을 감안하여 결정하시오(단, 분할무게×3을 1개의 식빵으로 한다).
5. 반죽은 전량을 사용하여 성형하시오.

배합표

구분	재료	비율(%)	무게(g)
1	강력분	100	1200
2	우유	72	864
3	이스트	3	36
4	제빵개량제	1	12
5	소금	2	24
6	설탕	5	60
7	쇼트닝	4	48
합계		187	2,244

수험자 유의사항

1. 시험시간은 재료 계량시간이 포함된 시간이다.
2. 안전사고가 없도록 유의한다.
3. 의문 사항이 있으면 감독위원에게 문의하고, 감독위원의 지시에 따른다.
4. 다음과 같은 경우에는 채점 대상에서 제외된다.
    ① 시험시간 내에 작품을 제출하지 못한 경우
    ② 시험시간 내에 제출된 작품이라도 다음과 같은 경우
        · 작품의 가치가 없을 정도로 타거나 익지 않은 경우
        · 요구사항을 준수하지 않았을 경우
        · 지급된 재료 이외의 재료를 사용한 경우
    ③ 시험 중 시설·장비의 조작 또는 재료의 취급이 미숙하여 위해를 일으킬 것으로 감독위원 전원이 합의하여 판단한 경우
    ④ 항목별 배점: 제조 공정 60점, 제품평가 40점

제조 공정

1. 재료 계량

재료를 담을 용기의 무게를 측정하여 기록하고, 전 재료를 제한시간 내에 손실과
오차 없이 정확히 계량하여 재료별로 진열한다.

📌 제한시간 내에 재료 손실이 없이 전 재료를 정확하게 계량하면 만점, 시간을 초과하면 0점 처리한다.

2. 전처리

가루재료(강력분, 이스트 푸드)를 가볍게 혼합하여 30cm 정도의 높이에서 체질하
여 재료를 골고루 분산시키고, 재료에 공기를 혼입시키며, 이물질을 제거한다. ❶
열처리하지 않은 우유는 우유 내의 단백질(serum protein)이 글루텐을 연화시키
므로 중탕하여 단백질을 변성시킨 후 사용한다.

3. 이스트 용해

이스트양의 3~5배의 물(계량된 물의 일부를 이용)에 이스트를 풀어 사용한다. ❷

📌 5~10분 전에 용해하여 사용한다.

4. 반죽

① 유지(쇼트닝)를 제외한 전 재료(건재료+이스트 용해액+우유)를 믹싱 볼에 넣고
　믹싱한다. ❸

📌 저속(1단 속도)으로 수화(1~2분 정도)시키고, 중속(2~3단 속도)으로 1분 정도 믹싱한다.

② '클린업 단계'에서 유지(쇼트닝)를 투입하고 저속으로 혼합한다. ❹

③ 유지가 반죽에 전체적으로 흡수되면 중속으로 최종 단계까지 믹싱한다. ❺

④ 반죽온도: 27±1℃

📌 겨울철에는 반죽온도가 낮지 않게 주의한다.

5. 1차 발효

① 믹싱이 완료된 반죽을 표피가 매끄러운 상태가 되도록 하여 얇게 기름칠한 그릇에 담은 후, 반죽 표피가 건조되지 않도록 비닐 또는 면포로 덮어 1차 발효를 시킨다. ❻

② 발효실 온도: 27℃, 습도: 75~80%, 시간: 80~90분

③ 발효상태

☞ 처음 반죽 부피의 2~3배 정도가 부풀고 손가락에 밀가루를 묻혀 반죽의 윗면을 눌렀을 때 손가락 자국이 남는 상태이거나 반죽의 속 부분을 약간 늘려 보았을 때 유연한 섬유질 상태가 되면 된다. ❼

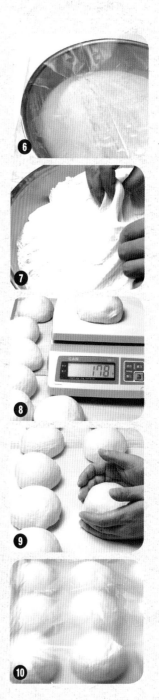

6. 성형

① 분할

분할 도중에도 발효가 진행하므로 스크레이퍼(scraper)를 사용하여 짧은 시간 내에 정확히 180g을 분할한다. ❽

☞ 반죽과 발효 과정에서 형성된 글루텐 막의 손상이 최소화될 수 있도록 한다.

② 둥글리기

반죽 표면이 매끄럽고 모양이 일정하게 신속히 작업한다. ❾

☞ 반죽의 표피가 찢어지지 않도록 주의한다.

③ 중간발효

발효온도: 실온, 습도 70% 내외, 시간: 10~20분 ❿

☞ 반죽의 표피가 건조되지 않도록 비닐이나 젖은 헝겊(물기 제거)으로 덮어서 실내에서 10~20분 정도 중간발효를 실시한다.

☞ 중간발효시간이 짧은 경우는 밀어 펴기 작업 시 반죽이 수축되어 작업이 어렵고, 과도하게 발효가 진행된 경우는 반죽이 처지게 된다.

④ 정형

- 반죽을 밀대를 이용하여 타원형의 모양으로 두께가 일정하도록 밀어 펴 가 스를 빼준다. **⑪**

  🏳️ 밀어 펴기 중에는 작업대 위에 최소한의 덧가루를 사용하여 작업대와 반죽이 붙지 않도록 하고, 반죽 윗면과 밀대에도 덧가루를 묻혀 반죽과 밀대가 붙지 않도록 한다.

- 과도한 덧가루는 털어낸 후 반죽의 매끄러운 면이 아래로 향하도록 하고 3 겹 접기를 한다. **⑫**

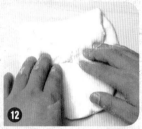

- 둥글게 단단히 말아준 후 마지막 이음매를 잘 봉합한다. **⑬**

  🏳️ 반죽의 매끄러운 면이 표면에 나타나게 말아준다.

7. 팬닝

① 식빵 팬의 내부에 기름칠을 적당히 한다.

② 정형한 반죽의 이음매가 팬의 바닥으로 향하게 하여 일정하게 간격을 잘 맞추어 넣는다. **⑭**

🏳️ 반죽은 둥글게 말려진 방향이 일치하도록 팬닝한다.

③ 제품의 밑면이 평평하게 잘 나오도록 하기 위해 손등으로 반죽의 윗면을 가볍게 눌러준다. **⑮**

8. 2차 발효

① 발효실 온도: 35~40℃, 습도: 80~90%, 시간: 40~50분

② 발효상태

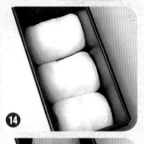

🏳️ 반죽이 식빵 팬 높이보다 1cm 정도 더 올라오는 시점까지 발효시킨다. **⑯**

🎩 TIP

식빵 팬의 두께와 철판의 사용 유무, 오븐의 열전달 방식 등에 따라 온도와 시간이 달라지므로 다양한 굽기 조건이 가능하다.

9. 굽기

① 오븐 온도: 윗불 160℃, 밑불 190℃

② 시간: 35~45분

③ 오븐의 위치에 따라 온도 차이가 있을 수 있으므로 시간이 약 25분 정도 경과 후 팬의 위치를 바꾸어 전체 제품의 색깔이 균일하게 유지되고 내부가 충분히 익도록 한다.

> 식빵 팬과 팬 사이는 일정한 간격을 유지하여 열전달이 용이하게 하여 제품의 옆면이 황금갈색으로 충분히 색깔이 나야 한다. 그렇지 않으면 틀에서 제품을 꺼낸 후 식히는 과정에서 주저앉게 된다.

1. 계절에 따라서 우유로 반죽온도를 조절한다.
2. 일반 반죽에 비해 우유단백질 때문에 반죽시간이 길어진다.
3. 우유가 들어가 일반 빵 반죽보다 된 반죽이므로 덧가루를 최소화한다.
4. 우유의 유당성분 때문에 윗색이 빨리 날 수 있기 때문에 오븐온도조절에 유의한다.
5. 2차 발효는 팬 위 1cm 정도 올라왔을 때가 적당하며 160℃/190℃에서 35~45분 정도 굽는다.

제품 평가표

제조 공정						제품 평가		
순서	세부항목	배점	순서	세부항목	배점	순서	세부항목	배점
1	계량시간	2	12	중간발효	2	22	부피	8
2	재료손실	2	13	정형숙련도	4	23	외부균형	8
3	계량정확	2	14	정형상태	5	24	껍질	8
4	반죽혼합순서	2	15	팬에 넣기	2	25	내상	8
5	반죽상태	4	16	2차 발효관리	2	26	맛과 향	8
6	반죽온도	2	17	발효상태	4			
7	1차 발효관리	2	18	굽기 관리	3			
8	발효상태	4	19	구운 상태	4			
9	분할시간	2	20	정리정돈 및 청소	4			
10	분할 숙련	2	21	개인위생	4			
11	둥글리기	2						

프랑스빵

French Bread

: 스트레이트법

요구사항

■ 프랑스빵을 제조하여 제출하시오.

1. 배합표의 각 재료를 계량하여 재료별로 진열하시오(5분).

2. 반죽은 스트레이트법으로 제조하시오.

3. 반죽온도는 24℃를 표준으로 하시오.

4. 반죽은 200g씩으로 분할하고, 막대 모양으로 만드시오(단, 막대 길이는 30cm, 3군데에 자르기를 하시오).

5. 반죽은 전량을 사용하여 성형하시오.

배합표

구분	재료	비율(%)	무게(g)
1	강력분	100	1000
2	물	65	650
3	이스트	3.5	35
4	제빵개량제	1.5	15
5	소금	2	20
합계		172	1,710

수험자 유의사항

1. 시험시간은 재료 계량시간이 포함된 시간이다.
2. 안전사고가 없도록 유의한다.
3. 의문 사항이 있으면 감독위원에게 문의하고, 감독위원의 지시에 따른다.
4. 다음과 같은 경우에는 채점 대상에서 제외된다.
　① 시험시간 내에 작품을 제출하지 못한 경우
　② 시험시간 내에 제출된 작품이라도 다음과 같은 경우
　　· 작품의 가치가 없을 정도로 타거나 익지 않은 경우
　　· 요구사항을 준수하지 않았을 경우
　　· 지급된 재료 이외의 재료를 사용한 경우
　③ 시험 중 시설·장비의 조작 또는 재료의 취급이 미숙하여 위해를 일으킬 것으로 감독위원 전원이 합의하여 판단한 경우
　④ 항목별 배점: 제조 공정 60점, 제품평가 40점

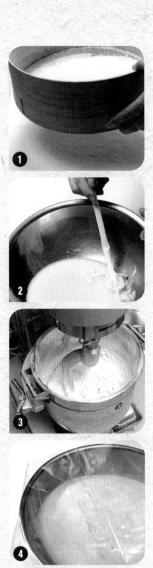

제조 공정

1. 재료 계량

재료를 담을 용기의 무게를 측정하여 기록하고, 전 재료를 제한시간 내에 손실과
오차 없이 정확히 계량하여 재료별로 진열한다.

📌 제한시간 내에 재료 손실이 없이 전 재료를 정확하게 계량하면 만점, 시간을 초과하면 0점 처리한다.

2. 전처리

가루재료(강력분, 이스트 푸드, 맥아)을 가볍게 혼합하여 30cm 정도의 높이에서
체질하여 재료를 골고루 분산시키고, 재료에 공기를 혼입시키며; 이물질을 제거한
다. ❶

3. 이스트 용해

이스트양의 3~5배의 물(계량된 물의 일부를 이용)에 이스트를 풀어 사용한다. ❷

📌 5~10분 전에 용해하여 사용한다.

4. 반죽

① 믹싱 볼에 전 재료를 넣고 저속(1단 속도)으로 2분 정도 수화시키고, 중속으로
7~8분 믹싱하여 발전단계까지 믹싱한다. ❸
② 모양 유지를 위하여 일반 빵보다 믹싱시간을 짧게 하여 글루텐 형성을 80%
정도 한다.
③ 반죽온도: 24±1℃

5. 1차 발효

① 믹싱이 완료된 반죽을 표피가 매끄러운 상태가 되도록 하여 얇게 기름칠한 그 릇에 담은 후, 반죽 표피가 건조되지 않도록 비닐 또는 면포로 덮어 1차 발효를 시킨다. ❹

② 발효실 온도: 27℃, 습도: 65~75%, 시간: 70~120분

③ 발효상태

📌 처음 반죽 부피의 3배 정도가 부풀고 손가락에 밀가루를 묻혀 반죽의 윗면을 눌렀을 때 손가락 자국이 남는 상태 이거나 반죽의 속 부분을 약간 늘려 보았을 때 유연한 섬유질 상태가 되면 된다. ❺

6. 성형

① 분할

　200g을 분할한다. ❻

② 둥글리기

　반죽표면이 매끄럽고 반죽이 찢어지지 않게 타원형의 모양으로 둥글리기 한 다. ❼

③ 중간발효

　발효온도: 실온, 습도 70% 내외, 시간: 10~20분 ❽

　📌 반죽의 표피가 건조되지 않도록 비닐이나 젖은 헝겊(물기 제거)으로 덮어서 실내에서 10~20분 정도 중간발 효를 실시한다.

④ 정형

　▪ 발효된 반죽을 밀대나 손으로 두께가 일정하도록 밀어 편다. ❾

　📌 가스가 완전히 제거되지 않도록 주의한다.

　▪ 몇 번으로 나누어 조금씩 접어 둥근 막대 모양으로 길이가 30cm 정도 되도 록 하고 이음매를 잘 봉합하여 모양을 잡아준다. ❿, ⓫, ⓬

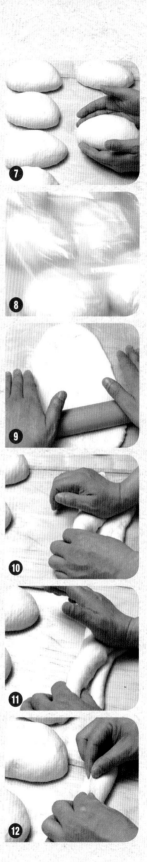

7. 팬닝

① 바게트 팬에 기름칠을 적당히 한다.

② 바케트 팬에 반죽의 이음매가 아래로 향하도록 놓는다. ⑬

③ 평철판에 팬닝할 때는 반죽이 일자가 되게 주의한다.

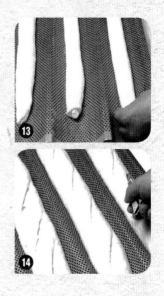

8. 2차 발효

① 발효실 온도: 30~33℃, 습도: 75%, 시간: 50~70분

② 발효상태

▶ 가스 보유력이 최대인 상태까지 발효시키며 2차 발효실의 온도와 습도를 낮추어 제품이 옆으로 퍼지는 것을 방지하고 모양을 유지하도록 한다.

9. 칼집 넣기

① 발효가 끝난 반죽의 표면을 약간 건조시킨다.

② 굽기 전에 칼날을 비스듬히 뉘어, 길이 5cm, 깊이 1cm, 폭 1cm 정도로 반죽의 윗면 4~5군데에 칼집을 넣는다. ⑭

▶ 칼집을 넣는 이유는 다른 부분이 터지는 것을 방지하며, 부풀림을 좋게 하고 속결을 부드럽게 해준다.

10. 굽기

① 오븐 온도: 윗불 210℃ → 180℃, 밑불 230℃ → 160℃

② 시간: 35~40분

③ 오븐에 넣기 전에 분무기를 이용하여 물이 비칠 정도로, 반죽에 물을 충분히 뿌려준 후 오븐에 넣고 5~7초 정도 스팀을 분사시켜 준다.

④ 스팀을 사용할 수 없는 오븐일 경우는 오븐에 넣기 전에 분무기를 이용하여 물이 비칠 정도로, 반죽에 물을 충분히 뿌려준 후 오븐에 넣고 10~20초 후에 분무기로 한번 더 물을 뿌려준다.

▶ 색이 나면 윗불을 180℃, 밑불을 160℃로 낮춘다.

ⓣ TIP
오븐에 스팀을 넣는 이유는 칼집을 넣은 부분을 보기 좋게 터지게 하며 부피가 큰 제품을 얻을 수 있고, 제품에 윤기가 나며, 껍질을 바삭거리게 할 수 있다.

French Bread

1. 반죽온도가 24℃로 1차 발효가 길어지며, 70% 진행됐을 때 펀치를 해주면 발효가 활성화된다.
2. 200g씩 스크레이퍼를 이용하여 신속하고 정확하게 분할한다.
3. 기공이 깨지지 않게 자른 단면을 안쪽으로 넣어주며 둥글리기를 해야 빵이 구워졌을 때 기공이 좋다.
4. 2차 발효온도와 습도를 일반 빵 반죽에 비해 낮게 한다.
5. 길이 5cm, 깊이 1cm, 폭 1cm로 고르게 맞추어 칼날을 15°로 비스듬히 뉘여 4~5군데 칼집을 넣고 넣어진 칼집에 칼날을 45° 더 뉘여 다시 칼집을 깊이 넣어준다.
6. 오븐의 위치에 따라 차이가 생기므로 20분 정도 경과 후 팬의 위치를 바꾸어 전체 제품의 색깔이 균일하게 유지되고 내부가 충분히 익도록 한다.

🍞 제품 평가표

제조 공정						제품 평가		
순서	세부항목	배점	순서	세부항목	배점	순서	세부항목	배점
1	계량시간	2	12	중간발효	2	23	부피	8
2	재료손실	2	13	정형숙련도	3	24	외부균형	8
3	계량정확	2	14	정형상태	4	25	껍질	8
4	반죽혼합순서	2	15	팬에 넣기	2	26	내상	8
5	반죽상태	4	16	2차 발효관리	2	27	맛과 향	8
6	반죽온도	3	17	발효상태	4			
7	1차 발효관리	2	18	자르기	2			
8	발효상태	4	19	굽기 관리	2			
9	분할시간	2	20	구운 상태	4			
10	분할 숙련	2	21	정리정돈 및 청소	4			
11	둥글리기	2	22	개인위생	4			

단과자빵
(트위스트형)

Sweet Dough Bread

: 스트레이트법

요구사항

■ 단과자빵(트위스트형)을 제조하여 제출하시오.

1. 배합표의 각 재료를 계량하여 재료별로 진열하시오(9분).
2. 반죽은 스트레이트법으로 제조하시오(단, 유지는 클린업 단계에 첨가하시오).
3. 반죽온도는 27℃를 표준으로 하시오.
4. 반죽 분할무게는 50g이 되도록 하시오.
5. 모양은 8자형, 달팽이형, 이중 8자형 중 감독위원이 요구하는 2가지 모양으로 만드시오.
6. 반죽은 전량을 사용하여 성형하시오.

배합표

구분	재료	비율(%)	무게(g)
1	강력분	100	1200
2	물	47	564
3	이스트	4	48
4	제빵개량제	1	12
5	소금	2	24
6	설탕	12	144
7	쇼트닝	10	120
8	분유	3	36
9	달걀	20	240
합계		199	2388

수험자 유의사항

1. 시험시간은 재료 계량시간이 포함된 시간이다.
2. 안전사고가 없도록 유의한다.
3. 의문 사항이 있으면 감독위원에게 문의하고, 감독위원의 지시에 따른다.
4. 다음과 같은 경우에는 채점 대상에서 제외된다.
   ① 시험시간 내에 작품을 제출하지 못한 경우
   ② 시험시간 내에 제출된 작품이라도 다음과 같은 경우
      · 작품의 가치가 없을 정도로 타거나 익지 않은 경우
      · 요구사항을 준수하지 않았을 경우
      · 지급된 재료 이외의 재료를 사용한 경우
   ③ 시험 중 시설·장비의 조작 또는 재료의 취급이 미숙하여 위해를 일으킬 것으로 감독위원 전원이 합의하여 판단한 경우
   ④ 항목별 배점: 제조 공정 60점, 제품평가 40점

제조 공정

1. 재료 계량

재료를 담을 용기의 무게를 측정하여 기록하고, 전 재료를 제한시간 내에 손실과 오차 없이 정확히 계량하여 재료별로 진열한다.

▶ 제한시간 내에 재료 손실이 없이 전 재료를 정확하게 계량하면 만점, 시간을 초과하면 0점 처리한다.

2. 전처리

가루재료(강력분, 탈지분유, 이스트 푸드)를 가볍게 혼합하여 30cm 정도의 높이에서 체질하여 재료를 골고루 분산시키고, 재료에 공기를 혼입시키며, 이물질을 제거한다. ❶

3. 이스트 용해

이스트양의 3~5배의 물(계량된 물의 일부를 이용)에 이스트를 풀어 사용한다. ❷

▶ 5~10분 전에 용해하여 사용한다.

4. 반죽

① 유지(쇼트닝)를 제외한 전 재료(건재료+이스트 용해액+달걀+물)를 믹싱 볼에 넣고 믹싱한다. ❸

▶ 저속(1단 속도)으로 수화(1~2분 정도)시키고, 중속(2~3단 속도)으로 1분 정도 믹싱한다.

▶ 반죽온도 조절을 위하여 물 온도를 조정하여 사용하며 물의 온도는 겨울철에는 온수를 사용하고 여름철에는 수돗물을 사용한다.

② '클린업 단계'에서 유지(쇼트닝)를 투입하고 저속으로 혼합한다. ❹

③ 유지가 반죽에 전체적으로 흡수되면 중속으로 최종 단계까지 믹싱한다. ❺

④ 반죽온도: 27±1℃

5. 1차 발효

① 믹싱이 완료된 반죽을 표피가 매끄러운 상태가 되도록 하여 얇게 기름칠한 그릇에 담은 후, 반죽 표피가 건조되지 않도록 비닐 또는 면포로 덮어 1차 발효를 시킨다. ❻

② 발효실 온도: 27℃, 습도: 75~80%, 시간: 60~90분

③ 발효상태

▶ 처음 반죽 부피의 3~3.5배 정도가 부풀고 손가락에 밀가루를 묻혀 반죽의 윗면을 눌렀을 때 손가락 자국이 남는 상태이거나 반죽의 속 부분을 약간 늘려 보았을 때 유연한 섬유질 상태가 되면 된다. ❼

6. 성형

① 분할

분할 도중에도 발효가 진행하므로 스크레이퍼(scraper)를 사용하여 짧은 시간 내에 정확히 50g을 분할한다. ❽

▶ 반죽과 발효 과정에서 형성된 글루텐 막의 손상이 최소화될 수 있도록 한다.

② 둥글리기

반죽 표면이 매끄럽고 모양이 일정하게 신속히 작업한다. ❾

▶ 반죽의 표피가 찢어지지 않도록 주의한다.

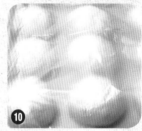

③ 중간발효

발효온도: 실온, 습도 70% 내외, 시간: 10~20분

▶ 반죽의 표피가 건조되지 않도록 비닐이나 젖은 헝겊(물기 제거)으로 덮어서 실내에서 10~20분 정도 중간발효를 실시한다. ❿

▶ 중간발효시간이 짧은 경우는 밀어 펴기 작업 시 반죽이 수축되어 작업이 어렵고, 과도하게 발효가 진행된 경우는 반죽이 처지게 된다.

④ 정형

반죽의 가운데 부분을 손가락으로 눌러준 후, 양손 손가락을 이용하여 가운데 부분에서 바깥 부분으로 반죽을 밀면서 늘여 편다. ⓫, ⓬

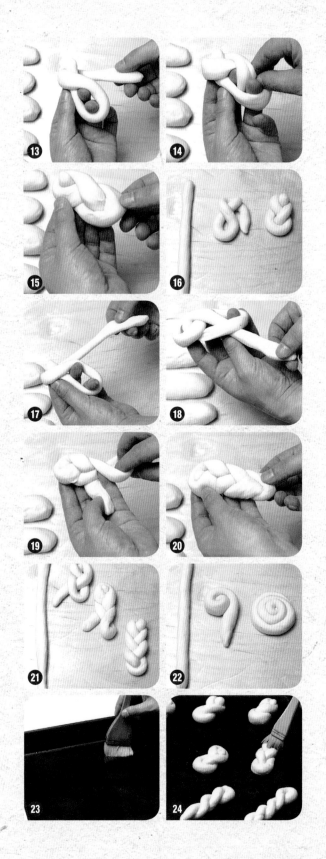

- 8자형: 반죽을 25cm 길이로 밀어 늘인 후 8자형으로 꼬아 만든다. ⑬, ⑭, ⑮, ⑯
- 이중 8자형: 반죽을 30cm 길이로 밀어 늘인 후 이중 8자형으로 꼬아 만든다. ⑰, ⑱, ⑲, ⑳, ㉑
- 달팽이형: 반죽을 30cm 길이로 한쪽을 약간 가늘게 밀어 늘인 후, 굵은 쪽을 중심으로 돌려 감아 끝 부분을 반죽의 아래쪽으로 붙여준다. ㉒

7. 팬닝

① 평철판에 기름칠을 얇게 칠하고, 한 철판에 동일한 모양의 반죽을 서로 붙지 않을 정도의 간격으로 팬닝한다. ㉓
② 반죽 윗면에 달걀물을 발라준다. ㉔

▶ 달걀물은 달걀노른자(20g)와 물(100g)의 비율을 1:5 정도로 맞춘다. ㉕

8. 2차 발효

① 발효실 온도: 35~40℃, 습도: 85%, 시간: 30~40분
② 발효상태

▶ 가스 보유력이 최대인 상태까지 발효한다.

9. 굽기

① 오븐 온도: 윗불 180℃, 밑불 150℃
② 시간: 10~15분

1. 반죽은 50g씩 신속하고 정확하게 분할한다.
2. 반죽을 밀어 펼 때는 같은 굵기로 신속하고 일정하게 밀어 펴준다.
3. 8자형·이중 8자형·달팽이형 정형은 다음과 같이한다.
   · 8자형: 반죽을 25cm 길이로 늘린 후 8자형을 꼬아 만든다.
   · 이중 8자형: 반죽을 30~35cm로 늘려 꼬아 만든다.
   · 달팽이형: 반죽을 30~35cm로 늘려서 굵은 쪽을 중심으로 돌려 감아 원을 만든 후 끝부분은 아래쪽으로 넣는다.
4. 달걀물을 만들어 체에 한 번 걸러서 사용하며, 달걀물을 바를 때는 바닥에 흐르지 않고 반죽 위에 고이지 않도록 바른다.

제품 평가표

제조 공정						제품 평가		
순서	세부항목	배점	순서	세부항목	배점	순서	세부항목	배점
1	계량시간	2	12	중간발효	2	22	부피	8
2	재료손실	2	13	정형숙련도	4	23	외부균형	8
3	계량정확	2	14	정형상태	5	24	껍질	8
4	반죽혼합순서	2	15	팬에 넣기	2	25	내상	8
5	반죽상태	4	16	2차 발효관리	2	26	맛과 향	8
6	반죽온도	3	17	발효상태	4			
7	1차 발효관리	2	18	굽기 관리	2			
8	발효상태	4	19	구운 상태	4			
9	분할시간	2	20	정리정돈 및 청소	4			
10	분할 숙련	2	21	개인위생	4			
11	둥글리기	2						

단과자빵
(크림빵)

Sweet Dough Bread
Cream Buns

: 스트레이트법

요구사항

■ 단과자빵(크림빵)을 제조하여 제출하시오.

1. 배합표의 각 재료를 계량하여 재료별로 진열하시오(10분).
2. 반죽은 스트레이트법으로 제조하시오(단, 유지는 클린업 단계에 첨가하시오).
3. 반죽온도는 27℃를 표준으로 하시오.
4. 반죽 1개의 분할무게는 45g, 1개당 크림 사용량은 30g으로 제조하시오.
5. 제품 중 20개는 크림을 넣은 후 굽고, 나머지는 반달형으로 크림을 충전하지 말고 제조하시오.
6. 반죽은 전량을 사용하여 성형하시오.

배합표

구분	재료	비율(%)	무게(g)
1	강력분	100	1100
2	물	53	583
3	이스트	4	44
4	제빵개량제	2	22
5	소금	2	22
6	설탕	16	176
7	쇼트닝	12	132
8	분유	2	22
9	달걀	10	110
10	커스터드 크림	65	715
합계		266	2926

수험자 유의사항

1. 시험시간은 재료 계량시간이 포함된 시간이다.
2. 안전사고가 없도록 유의한다.
3. 의문 사항이 있으면 감독위원에게 문의하고, 감독위원의 지시에 따른다.
4. 다음과 같은 경우에는 채점 대상에서 제외된다.
   ① 시험시간 내에 작품을 제출하지 못한 경우
   ② 시험시간 내에 제출된 작품이라도 다음과 같은 경우

   · 작품의 가치가 없을 정도로 타거나 익지 않은 경우
   · 요구사항을 준수하지 않았을 경우
   · 지급된 재료 이외의 재료를 사용한 경우
③ 시험 중 시설·장비의 조작 또는 재료의 취급이 미숙하여 위해를 일으킬 것으로 감독위원 전원이 합의하여 판단한 경우
④ 항목별 배점: 제조 공정 60점, 제품평가 40점

제조 공정

1. 재료 계량

재료를 담을 용기의 무게를 측정하여 기록하고, 전 재료를 제한시간 내에 손실과 오차 없이 정확히 계량하여 재료별로 진열한다.

📌 제한시간 내에 재료 손실이 없이 전 재료를 정확하게 계량하면 만점, 시간을 초과하면 0점 처리한다.

2. 전처리

가루재료(강력분, 탈지분유, 이스트 푸드)를 가볍게 혼합하여 30cm 정도의 높이에서 체질하여 재료를 골고루 분산시키고, 재료에 공기를 혼입시키며, 이물질을 제거한다. ❶

3. 이스트 용해

이스트양의 3~5배의 물(계량된 물의 일부를 이용)에 이스트를 풀어 사용한다. ❷

📌 5~10분 전에 용해하여 사용한다.

4. 반죽

① 유지(쇼트닝)와 커스터드 크림을 제외한 전 재료(건재료+이스트 용해액+달걀+물)를 믹싱 볼에 넣고 믹싱한다. ❸

📌 저속(1단 속도)으로 수화(1~2분 정도)시키고, 중속(2~3단 속도)으로 1분 정도 믹싱한다.

📌 반죽온도 조절을 위하여 물 온도를 조정하여 사용하며 물의 온도는 겨울철에는 온수를 사용하고 여름철에는 수돗물을 사용한다.

② '클린업 단계'에서 유지(쇼트닝)를 투입하고 저속으로 혼합한다. ❹

③ 유지가 반죽에 전체적으로 흡수되면 중속으로 최종 단계까지 믹싱한다. ❺

④ 반죽온도: 27±1℃

5. 1차 발효

① 믹싱이 완료된 반죽을 표피가 매끄러운 상태가 되도록 하여 얇게 기름칠한 그릇에 담은 후, 반죽 표피가 건조되지 않도록 비닐 또는 면포로 덮어 1차 발효를 시킨다.

② 발효실 온도: 27℃, 습도: 75~80%, 시간: 60~90분 ❻

③ 발효상태

📌 처음 반죽 부피의 3~3.5배 정도가 부풀고 손가락에 밀가루를 묻혀 반죽의 윗면을 눌렀을 때 손가락 자국이 남는 상태이거나 반죽의 속 부분을 약간 늘려 보았을 때 유연한 섬유질 상태가 되면 된다. ❼

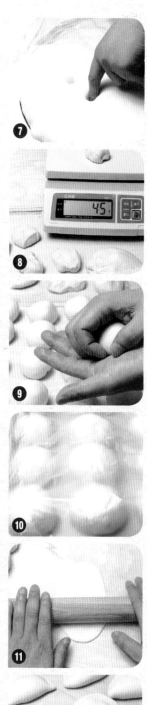

6. 성형

① 분할

분할 도중에도 발효가 진행하므로 스크레이퍼(scraper)를 사용하여 짧은 시간 내에 정확히 45g을 분할한다. ❽

📌 반죽과 발효 과정에서 형성된 글루텐 막의 손상이 최소화될 수 있도록 한다.

② 둥글리기

반죽 표면이 매끄럽고 모양이 일정하게 신속히 작업한다. ❾

📌 반죽의 표피가 찢어지지 않도록 주의한다.

③ 중간발효

발효온도: 실온, 습도 70% 내외, 시간: 10~20분 ❿

📌 반죽의 표피가 건조되지 않도록 비닐이나 젖은 헝겊(물기 제거)으로 덮어서 실내에서 10~20분 정도 중간발효를 실시한다.

④ 정형

커스터드 크림을 넣은 크림빵

▪ 밀대를 이용하여 반죽을 타원형으로 밀어 편다. ⓫

📌 밀어 펴기 중에는 작업대에 반죽이 붙지 않도록 작업대 위에 최소한의 덧가루를 뿌려주고, 반죽 윗면과 밀대에도 덧가루를 묻혀 서로 붙지 않도록 한다.

▪ 손바닥에 반죽의 거친 부분이 위로 향하게 올려놓고, 크림 30g을 앙금주걱으로 반죽의 가운데에 놓는다. ⓬

▪ 절반을 접고 끝부분을 가볍게 손으로 눌러주어 봉합한 후, 스크레이퍼를 이용하여 1cm 정도의 깊이로 5~6군데 자른다. ⓭, ⓮

커스터드 크림을 넣은 않은 크림빵

- 밀대를 이용하여 반죽을 타원형으로 밀어 펴고 반죽의 1/2에 식용유를 얇게 발라준다. ⑮
- 반달 모양으로 반으로 접는다.

7. 팬닝

① 평철판에 기름칠을 얇게 칠하고, 한 철판에 동일한 모양의 반죽을 서로 붙지 않을 정도의 간격으로 팬닝한다.

② 반죽 윗면에 달걀물을 발라준다. ⑯

🍞 달걀물은 달걀노른자(20g)와 물(100g)의 비율을 1:5 정도로 맞춘다.

8. 2차 발효

① 발효실 온도: 35~40℃, 습도: 80~85%, 시간: 30~35분

② 발효상태

🍞 가스 보유력이 최대인 상태까지 발효시킨다.

9. 굽기

① 오븐 온도: 윗불 190℃, 밑불 150℃

② 시간: 12~15분

③ 오븐의 위치에 따라 온도 차이가 있을 수 있으므로, 일정시간이 경과한 후 철판의 위치를 바꾸어 전체 제품의 색깔이 균일하게 유지되고 내부가 충분히 익도록 한다.

10. 크림 넣기

구워낸 후 커스터드 크림을 넣지 않은 빵은 식혀서, 접힌 부분을 벌려 커스터드 크림을 30g씩 충전한다.

Sweet Dough Bread cream Buns

1. 45g씩 스크레이퍼를 이용하여 신속하고 정확하게 분할한다.
2. 달걀물을 만들어 붓으로 반죽 위에 고르게 바른다.
3. 정해진 발효시간을 기준으로 발효상태를 살펴보며 2차 발효를 한다.
4. 크림되기는 물(3) : 프리믹스(1)로 하며, 크림을 충전할 때 너무 질면 작업하기가 힘들다.
5. 비충전용으로 만들어 구운 제품을 식힌 후 커스터드 크림 30g을 중앙에 충전한다.

제품 평가표

제조 공정						제품 평가		
순서	세부항목	배점	순서	세부항목	배점	순서	세부항목	배점
1	계량시간	2	12	중간발효	2	22	부피	8
2	재료손실	2	13	정형숙련도	5	23	외부균형	8
3	계량정확	2	14	정형상태	5	24	껍질	8
4	반죽혼합순서	2	15	팬에 넣기	2	25	내상	8
5	반죽상태	3	16	2차 발효관리	2	26	맛과 향	8
6	반죽온도	3	17	발효상태	4			
7	1차 발효관리	2	18	굽기 관리	2			
8	발효상태	4	19	구운 상태	4			
9	분할시간	2	20	정리정돈 및 청소	4			
10	분할 숙련	2	21	개인위생	4			
11	둥글리기	2						

풀먼
식빵

Pullman Bread

: 스트레이트법

요구사항

■ 풀먼식빵을 제조하여 제출하시오.

1. 배합표의 각 재료를 계량하여 재료별로 진열하시오(9분).

2. 반죽은 스트레이트법으로 제조하시오(단, 유지는 클린업 단계에 첨가하시오).

3. 반죽온도는 27℃를 표준으로 하시오.

4. 표준분할무게는 250g으로 하고, 제시된 팬의 용량을 감안하여 결정하시오(단, 분할무게×2를 1개의 식빵으로 한다).

5. 반죽은 전량을 사용하여 성형하시오.

배합표

구분	재료	비율(%)	무게(g)
1	강력분	100	1400
2	물	58	812
3	이스트	3	42
4	제빵개량제	1	14
5	소금	2	28
6	설탕	6	84
7	쇼트닝	4	56
8	달걀	5	70
9	분유	3	42
합계		182	2548

수험자 유의사항

1. 시험시간은 재료 계량시간이 포함된 시간이다.

2. 안전사고가 없도록 유의한다.

3. 의문 사항이 있으면 감독위원에게 문의하고, 감독위원의 지시에 따른다.

4. 다음과 같은 경우에는 채점 대상에서 제외된다.

   ① 시험시간 내에 작품을 제출하지 못한 경우

   ② 시험시간 내에 제출된 작품이라도 다음과 같은 경우

      · 작품의 가치가 없을 정도로 타거나 익지 않은 경우

      · 요구사항을 준수하지 않았을 경우

      · 지급된 재료 이외의 재료를 사용한 경우

   ③ 시험 중 시설·장비의 조작 또는 재료의 취급이 미숙하여 위해를 일으킬 것으로 감독위원 전원이 합의하여 판단한 경우

   ④ 항목별 배점: 제조 공정 60점, 제품평가 40점

제조 공정

1. 재료 계량

재료를 담을 용기의 무게를 측정하여 기록하고, 전 재료를 제한시간 내에 손실과 오차 없이 정확히 계량하여 재료별로 진열한다.

▶ 제한시간 내에 재료 손실이 없이 전 재료를 정확하게 계량하면 만점, 시간을 초과하면 0점 처리한다.

2. 전처리

가루재료(강력분, 탈지분유, 이스트 푸드)를 가볍게 혼합하여 30cm 정도의 높이에서 체질하여 재료를 골고루 분산시키고, 재료에 공기를 혼입시키며, 이물질을 제거한다. ❶

3. 이스트 용해

이스트양의 3~5배의 물(계량된 물의 일부를 이용)에 이스트를 풀어 사용한다. ❷

▶ 5~10분 전에 용해하여 사용한다.

4. 반죽

① 유지(쇼트닝)를 제외한 전 재료(건재료+이스트 용해액+달걀+물)를 믹싱 볼에 넣고 믹싱한다. ❸

▶ 저속(1단 속도)으로 수화(1~2분 정도)시키고, 중속(2~3단 속도)으로 1분 정도 믹싱한다.

▶ 반죽온도 조절을 위하여 물 온도를 조정하여 사용하며 물의 온도는 겨울철에는 온수를 사용하고 여름철에는 수돗물을 사용한다.

② '클린업 단계'에서 유지(쇼트닝)를 투입하고 저속으로 혼합한다. ❹

③ 유지가 반죽에 전체적으로 흡수되면 중속으로 최종 단계까지 믹싱한다. ❺

④ 반죽온도: 27±1℃

5. 1차 발효

① 믹싱이 완료된 반죽을 표피가 매끄러운 상태가 되도록 하여 얇게 기름칠한 그 릇에 담은 후, 반죽 표피가 건조되지 않도록 비닐 또는 면포로 덮어 1차 발효 를 시킨다. ❻

② 발효실 온도: 27℃, 습도: 75~80%, 시간: 70~80분

③ 발효상태

▷ 처음 반죽 부피의 2~3배 정도가 부풀고 손가락에 밀가루를 묻혀 반죽의 윗면을 눌렀을 때 손가락 자국이 남는 상 태이거나 반죽의 속 부분을 약간 늘려 보았을 때 유연한 섬유질 상태가 되면 된다. ❼

6. 성형

① 분할

▪ 반죽의 분할무게가 제시되지 않을 경우는 팬의 용적을 계산하고 비용적으 로 나누어 분할무게를 결정한다. ❽

▷ 감독관이 비용적을 제시할 경우는 그 수치에 따른다.

▪ 분할 도중에도 발효가 진행하므로 스크레이퍼(scraper)를 사용하여 짧은 시 간 내에 정확히 250g을 분할한다.

▷ 반죽과 발효 과정에서 형성된 글루텐 막의 손상이 최소화될 수 있도록 한다.

② 둥글리기

반죽 표면이 매끄럽고 모양이 일정하게 신속히 작업한다. ❾

▷ 반죽의 표피가 찢어지지 않도록 주의한다.

③ 중간발효

발효온도: 실온, 습도 70% 내외, 시간: 10~20분 ❿

▷ 반죽의 표피가 건조되지 않도록 비닐이나 젖은 헝겊(물기 제거)으로 덮어서 실내에서 10~20분 정도 중간발 효를 실시한다.

④ 정형

▪ 반죽을 밀대를 이용하여 타원형의 모양으로 두께가 일정하도록 밀어 펴 가 스를 빼준다. ⓫

▷ 밀어 펴기 중에는 작업대 위에 최소한의 덧가루를 사용하여 작업대와 반죽이 붙지 않도록 하고, 반죽 윗면과 밀대에도 덧가루를 묻혀 반죽과 밀대가 붙지 않도록 한다.

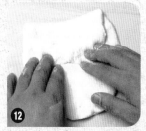

- 과도한 덧가루는 털어낸 후 반죽의 매끄러운 면이 아래로 향하도록 하고 3겹 접기를 한다.
- 둥글게 단단히 말아준 후 마지막 이음매를 잘 봉합한다. ⑬

📋 반죽의 매끄러운 면이 표면에 나타나게 말아준다.

7. 팬닝

① 식빵 팬의 내부에 기름칠을 적당히 한다.
② 정형한 반죽의 이음매가 팬의 바닥으로 향하게 하여 일정하게 간격을 잘 맞추어 넣는다.

📋 반죽은 둥글게 말려진 방향이 일치하도록 팬닝한다.

③ 제품의 밑면이 평평하게 잘 나오도록 하기 위해 손등으로 반죽의 윗면을 가볍게 눌러준다. ⑮

8. 2차 발효

① 발효실 온도: 38~43℃, 습도: 80~90%, 시간: 40~45분
② 발효상태

📋 반죽이 풀면 팬 높이보다 1cm 정도 낮게 올라오는 시점까지 발효시킨 후 팬 뚜껑을 덮는다.

📋 발효가 부족할 경우: 팬에 반죽이 차지 않아 구워낸 후 둥근 모서리를 형성한다.
　 발효가 지나칠 경우: 팬 뚜껑 밖으로 나오며 치밀한 조직을 형성한다.

9. 굽기

① 오븐 온도: 윗불 190℃, 밑불 180℃
② 시간: 40~50분
③ 오븐의 위치에 따라 온도 차이가 있을 수 있으므로 시간이 약 25분 정도 경과 후 팬의 위치를 바꾸어 전체 제품의 색깔이 균일하게 유지되고 내부가 충분히 익도록 한다.
④ 일반 식빵보다 10분 정도 더 굽는다.

📋 식빵 팬과 팬 사이는 일정한 간격을 유지하여 열전달이 용이하게 하여 제품의 옆면이 황금갈색으로 충분히 색깔이 나야 한다. 그렇지 않으면 틀에서 제품을 꺼낸 후 식히는 과정에서 주저앉게 된다.

🍴 TIP

식빵 팬의 두께와 철판의 사용유무, 오븐의 열전달 방식 등에 따라 온도와 시간이 달라지므로 다양한 굽기 조건이 가능하다.

Pullman Bread

1. 250g씩 스크레이퍼를 이용하여 신속하고 정확하게 분할한다.
2. 2차 발효는 팬 아래 0.5~1cm가 적당하다.
3. 2차 발효가 덜 되었을 때 구우면 모서리가 둥글게 나온다.
4. 팬 뚜껑 밑면에 기름칠을 해 주어야 구워졌을 때 팬에서 잘 분리된다.
5. 오븐의 위치와 기능에 따라 온도 차이가 있으므로, 팬 위치를 바꾸어 전체 제품의 색깔이 황금갈색이 나도록 굽는다.

제품 평가표

제조 공정						제품 평가		
순서	세부항목	배점	순서	세부항목	배점	순서	세부항목	배점
1	계량시간	2	12	중간발효	2	22	부피	8
2	재료손실	2	13	정형숙련도	3	23	외부균형	8
3	계량정확	2	14	정형상태	5	24	껍질	8
4	반죽혼합순서	2	15	팬에 넣기	2	25	내상	8
5	반죽상태	5	16	2차 발효관리	2	26	맛과 향	8
6	반죽온도	3	17	발효상태	4			
7	1차 발효관리	2	18	굽기 관리	2			
8	발효상태	4	19	구운 상태	4			
9	분할시간	2	20	정리정돈 및 청소	4			
10	분할 숙련	2	21	개인위생	4			
11	둥글리기	2						

단과자빵
(소보로빵)

Streusel

: 스트레이트법

■ 단과자빵(소보로빵)을 제조하여 제출하시오.

1. 빵 반죽 재료를 계량하여 재료별로 진열하시오(9분)
2. 반죽은 스트레이트법으로 제조하시오(단, 유지는 클린업 단계에 첨가하시오).
3. 반죽온도는 27℃를 표준으로 하시오.
4. 반죽 1개의 분할무게는 46g씩, 1개당 소보로 사용량은 약 26g씩으로 제조하시오.
5. 토핑용 소보로는 배합표에 의거 직접 제조하여 사용하시오.
6. 반죽은 전량을 사용하여 성형하시오.

배합표

1. 빵 반죽

구분	재료	비율(%)	무게(g)
1	강력분	100	1100
2	물	47	517
3	이스트	4	44
4	제빵개량제	1	11
5	소금	2	22
6	마가린	18	198
7	분유	2	22
8	달걀	5	165
9	설탕	16	176
합계		205	2255

2. 소보로 반죽

구분	재료	비율(%)	무게(g)
1	중력분	100	500
2	설탕	60	300
3	마가린	50	250
4	땅콩버터	15	75
5	달걀	10	50
6	물엿	10	50
7	분유	3	15
8	베이킹파우더	2	10
9	소금	1	5
합계		251	1255

수험자 유의사항

1. 시험시간은 재료 계량시간이 포함된 시간이다.
2. 안전사고가 없도록 유의한다.
3. 의문 사항이 있으면 감독위원에게 문의하고, 감독위원의 지시에 따른다.
4. 다음과 같은 경우에는 채점 대상에서 제외된다.
   ① 시험시간 내에 작품을 제출하지 못한 경우
   ② 시험시간 내에 제출된 작품이라도 다음과 같은 경우
   · 작품의 가치가 없을 정도로 타거나 익지 않은 경우
   · 요구사항을 준수하지 않았을 경우
   · 지급된 재료 이외의 재료를 사용한 경우
   ③ 시험 중 시설·장비의 조작 또는 재료의 취급이 미숙하여 위해를 일으킬 것으로 감독위원 전원이 합의하여 판단한 경우
   ④ 항목별 배점: 제조 공정 60점, 제품평가 40점

제조 공정

1. 재료 계량

재료를 담을 용기의 무게를 측정하여 기록하고, 전 재료를 제한시간 내에 손실과 오차 없이 정확히 계량하여 재료별로 진열한다.

📌 제한시간 내에 재료 손실이 없이 전 재료를 정확하게 계량하면 만점, 시간을 초과하면 0점 처리한다.

2. 전처리

가루재료(강력분, 탈지분유, 이스트 푸드)를 가볍게 혼합하여 30cm 정도의 높이에서 체질하여 재료를 골고루 분산시키고, 재료에 공기를 혼입시키며, 이물질을 제거한다. ❶

3. 이스트 용해

이스트양의 3~5배의 물(계량된 물의 일부를 이용)에 이스트를 풀어 사용한다. ❷

📌 5~10분 전에 용해하여 사용한다.

4. 반죽

① 유지(마가린)를 제외한 전 재료(건재료+이스트 용해액+달걀+물)를 믹싱 볼에 넣고 믹싱한다. ❸

📌 저속(1단 속도)으로 수화(1~2분 정도)시키고, 중속(2~3단 속도)으로 1분 정도 믹싱한다.

📌 반죽온도 조절을 위하여 물 온도를 조정하여 사용하며 물의 온도는 겨울철에는 온수를 사용하고 여름철에는 수돗물을 사용한다.

② '클린업 단계'에서 유지(마가린)를 투입하고 저속으로 혼합한다. ❹

③ 유지가 반죽에 전체적으로 흡수되면 중속으로 최종 단계까지 믹싱한다. ❺

④ 반죽온도: 27±1℃

5. 1차 발효

① 믹싱이 완료된 반죽을 표피가 매끄러운 상태가 되도록 하여 얇게 기름칠한 그 릇에 담은 후, 반죽 표피가 건조되지 않도록 비닐 또는 면포로 덮어 1차 발효를 시킨다. ❻

② 발효실 온도: 27℃, 습도: 75~80%, 시간: 60~90분

③ 발효상태

👉 처음 반죽 부피의 3~3.5배 정도가 부풀고 손가락에 밀가루를 묻혀 반죽의 윗면을 눌렀을 때 손가락 자국이 남는 상태이거나 반죽의 속 부분을 약간 늘려 보았을 때 유연한 섬유질 상태가 되면 된다. ❼

6. 소보로 제조

① 가루재료(중력분+분유+베이킹파우더)를 체질하여 둔다. ❽

② 스테인리스 볼에 마가린+땅콩버터+물엿+설탕+소금을 넣고 거품기를 이용하여 부드럽게 풀어준 후 달걀을 조금씩 넣으면서 크림화시킨다.

👉 마가린 덩어리가 보이지 않고 전체적으로 부드러운 크림 상태가 될 때까지 혼합하며 마가린이 너무 굳어 있으면 중탕 물을 이용할 수 있으나 너무 녹으면 가루 제조 시 덩어리가 생길 수 있다. ❾, ❿

③ 믹싱한 크림에 체질한 가루재료(중력분+분유+베이킹파우더)를 가루가 보이지 않을 정도까지 혼합한다(스크레이퍼로 잘게 다져 손으로 가볍게 비벼 보슬보슬 하게 한다). ⓫, ⓬

7. 성형

① 분할

분할 도중에도 발효가 진행하므로 스크레이퍼(scraper)를 사용하여 짧은 시간 내에 정확히 46g을 분할한다. ⓭

👉 반죽과 발효 과정에서 형성된 글루텐 막의 손상이 최소화될 수 있도록 한다.

② 둥글리기

반죽 표면이 매끄럽고 모양이 일정하게 신속히 작업한다. ⓮

👉 반죽의 표피가 찢어지지 않도록 주의한다.

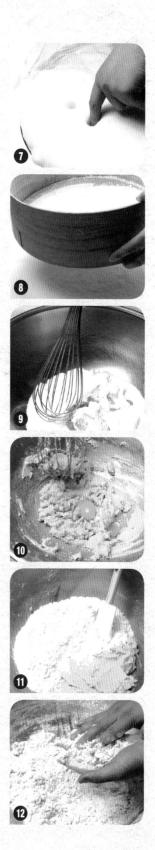

③ 중간발효

발효온도: 실온, 습도 70% 내외, 시간: 10~20분 ⓯

> 📕 반죽의 표피가 건조되지 않도록 비닐이나 젖은 헝겊(물기 제거)으로 덮어서 실내에서 10~20분 정도 중간발효를 실시한다.

④ 정형

- 반죽을 합번 더 둥글리기를 하여 가스를 빼고 둥근 모양으로 만든다.
- 일정량의 소보로를 작업대 위에 깔아놓고 반죽을 한 손으로 잡고 물이 담긴 그릇에 살짝 담가 윗부분을 물에 적시거나, 윗면에 붓으로 물칠을 한다. ⓰
- 반죽의 물 묻은 부분이 작업대 위에 깔아놓은 소보로 위에 올려놓고 손으로 힘껏 눌러 소보로가 반죽에 골고루 묻히도록 한다. ⓱

> 📕 이때 소보로 가루가 반죽 윗면에 고르게 묻도록 한다.

8. 팬닝

① 평철판에 기름칠을 얇게 칠하고, 반죽이 서로 붙지 않을 정도의 간격으로 팬닝한다.
② 철판에 팬닝한 후 둥글게 모양을 잡아주고 윗부분을 살짝 눌러준다. ⓲

> 📕 일정한 간격을 유지하면서 팬닝한다(1철판에 12개 정도).

9. 2차 발효

① 발효실 온도: 35~40℃, 습도: 80~85%, 시간: 30~35분
② 발효상태

> 📕 발효가 과다하면 토핑물(소보로) 무게 때문에 주저앉을 수 있으므로, 다른 단과자빵에 비하여 발효를 약간 적게 시킨다. ⓳

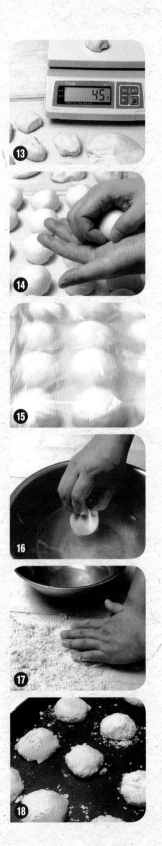

10. 굽기

① 오븐 온도: 윗불 190℃, 밑불 150℃

② 시간: 12~15분

③ 오븐의 위치에 따라 온도 차이가 있을 수 있으므로, 일정시간이 경과한 후 철판의 위치를 바꾸어 전체 제품의 색깔이 균일하게 유지되고 내부가 충분히 익도록 한다.

1. 토핑물을 만들 때 크림화를 너무 많이 하면 질어지거나 뭉쳐질 수 있다.
2. 2차 발효를 너무 많이 하면 모양이 주저앉을 수 있다.
3. 토핑물이 많거나 습도를 너무 높으면 주저앉거나 윗면이 갈라지지 않을 수 있다(반죽과 토핑물을 합친 중량이 72g이다).
4. 윗색이 나면 팬의 위치를 바꾸어 전체 제품의 색깔이 황금갈색이 나고 내부가 충분히 익도록 구워야 한다.

📀 제품 평가표

제조 공정						제품 평가		
순서	세부항목	배점	순서	세부항목	배점	순서	세부항목	배점
1	계량시간	2	13	둥글리기	2	24	부피	8
2	재료손실	2	14	중간발효	2	25	외부균형	8
3	계량정확	2	15	정형 숙련도	3	26	껍질	8
4	반죽혼합순서	2	16	정형상태	4	27	내상	8
5	반죽상태	2	17	팬에 넣기	2	28	맛과 향	8
6	반죽온도	2	18	2차 발효관리	2			
7	1차 발효관리	2	19	발효상태	3			
8	발효상태	3	20	굽기 관리	2			
9	소보로 제조 공정	3	21	구운 상태	4			
10	소보로 상태	4	22	정리정돈 및 청소	4			
11	분할시간	2	23	개인위생	4			
12	분할 숙련	2						

더치빵

Dutch Bread

: 스트레이트법

요구사항

■ 더치빵을 제조하여 제출하시오.

1. 더치빵 반죽 재료를 계량하여 재료별로 진열하시오(9분)
2. 반죽은 스트레이트법으로 제조하시오(단, 유지는 클린업 단계에 첨가하시오).
3. 반죽온도는 27℃를 표준으로 하시오.
4. 토핑용 반죽의 온도는 27℃를 표준으로 하여 빵 반죽에 토핑할 시간을 맞추어 발효시키시오.
5. 빵 반죽은 1개당 300g씩 분할하시오.
6. 반죽은 전량을 사용하여 성형하시오.

배합표

1. 빵 반죽

구분	재료	비율(%)	무게(g)
1	강력분	100	1100
2	물	60	660
3	이스트	3	33
4	제빵개량제	1	11
5	소금	1.8	20
6	설탕	2	22
7	쇼트닝	3	33
8	탈지분유	4	44
9	흰자	3	33
합계		177.8	1,956

2. 토핑용 반죽

구분	재료	비율(%)	무게(g)
1	멥쌀가루	100	200
2	중력분	20	40
3	이스트	2	4
4	설탕	2	4
5	소금	2	4
6	물	85	170
7	마가린	30	60
합계		241	482

제조 공정

1. 재료 계량

재료를 담을 용기의 무게를 측정하여 기록하고, 전 재료를 제한시간 내에 손실과 오차 없이 정확히 계량하여 재료별로 진열한다.

> 제한시간 내에 재료 손실이 없이 전 재료를 정확하게 계량하면 만점, 시간을 초과하면 0점 처리한다.

2. 전처리

가루재료(강력분, 탈지분유, 이스트 푸드)를 가볍게 혼합하여 30cm 정도의 높이에서 체질하여 재료를 골고루 분산시키고, 재료에 공기를 혼입시키며, 이물질을 제거한다. ❶

3. 이스트 용해

이스트양의 3~5배의 물(계량된 물의 일부를 이용)에 이스트를 풀어 사용한다. ❷

> 5~10분 전에 용해하여 사용한다.

4. 반죽

① 유지(쇼트닝)를 제외한 전 재료(건재료+이스트 용해액+물)를 믹싱 볼에 넣고 믹싱한다. ❸

> 저속(1단 속도)으로 수화(1~2분 정도)시키고, 중속(2~3단 속도)으로 1분 정도 믹싱한다.

> 반죽온도 조절을 위하여 물 온도를 조정하여 사용하며 물의 온도는 겨울철에는 온수를 사용하고 여름철에는 수돗물을 사용한다.

② '클린업 단계'에서 유지(쇼트닝)를 투입하고 저속으로 혼합한다. ❹

③ 유지가 반죽에 전체적으로 흡수되면 중속으로 최종 단계까지 믹싱한다. ❺

④ 반죽온도: 27±1℃

5. 1차 발효

① 믹싱이 완료된 반죽을 표피가 매끄러운 상태가 되도록 하여 얇게 기름칠한 그릇에 담은 후, 반죽 표피가 건조되지 않도록 비닐 또는 면포로 덮어 1차 발효를 시킨다. ❻

② 발효실 온도: 27℃, 습도: 75~80%, 시간: 90~120분

③ 발효상태

🖐 처음 반죽 부피의 3배 정도가 부풀고 손가락에 밀가루를 묻혀 반죽의 윗면을 눌렀을 때 손가락 자국이 남는 상태이거나 반죽의 속 부분을 약간 늘려 보았을 때 유연한 섬유질 상태가 되면 된다. ❼

6. 토핑용 반죽 만들기

빵 반죽이 1차 발효가 완료되어 가면 만든다.

① 물에 생 이스트를 잘 풀어 놓는다. ❽

② 마가린을 제외한 전 재료를 ①의 이스트 용해액에 넣고 골고루 혼합한다. ❾

③ 발효실(27℃, 습도 80%)에서 1시간 정도 발효시킨다.

④ 부드럽게 풀어놓은 유지(마가린)를 발효시킨 ③의 반죽에 섞는다. ❿

7. 성형

① 분할

분할 도중에도 발효가 진행하므로 스크레이퍼(scraper)를 사용하여 짧은 시간 내에 정확히 300g을 분할한다. ⓫

🖐 반죽과 발효 과정에서 형성된 글루텐 막의 손상이 최소화될 수 있도록 한다.

② 둥글리기

반죽 표면이 매끄럽게 타원형 모양으로 둥글리기 한다. ⓬

🖐 반죽의 표피가 찢어지지 않도록 주의한다.

③ 중간발효

발효온도: 실온, 습도 70% 내외, 시간: 10~20분 ⓭

🖐 반죽의 표피가 건조되지 않도록 비닐이나 젖은 헝겊(물기 제거)으로 덮어서 실내에서 10~20분 정도 중간발효를 실시한다.

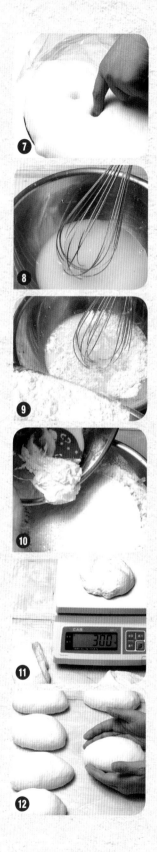

④ 정형

- 반죽을 밀대로 두께와 모양이 일정하도록 타원형으로 밀어 펴 큰 가스를 빼준다. ⑭

  🔖 작업대 위에 최소한의 덧가루를 뿌려 작업대와 반죽이 붙지 않도록 하고, 반죽 윗면과 밀대에도 덧가루를 묻혀 반죽과 밀대가 붙지 않도록 한다.

- 반죽의 매끄러운 면이 표면에 나타나게 반죽을 단단히 말아 긴 타원형의 모양을 만든 후 이음매를 일자가 되게 잘 봉합한다. ⑮, ⑯

  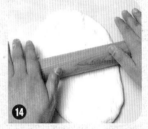

  🔖 단단하게 말아야 제품이 주저앉지 않는다.

8. 팬닝

팬에 얇게 기름칠을 하고, 성형한 반죽의 이음매가 밑으로 향하게 하여 일정한 간격으로 2~3개씩 팬닝한다. ⑰

🔖 반죽의 형태가 휘어지지 않고, 일자가 되게 팬닝에 주의한다.

9. 2차 발효

① 발효실 온도: 35~40℃, 습도: 80%, 시간: 25~35분

② 발효상태

🔖 가스 보유력이 최대인 상태까지 발효한다.

10. 토핑

발효된 빵 반죽을 실온에서 5분 정도 방치하여 표면의 수분을 건조시켜 토핑용 반죽을 스패튤러, 헤라, 붓 등을 이용하여 빵 반죽 위에 균일한 두께로 토핑한다. ⑱

11. 굽기

① 오븐 온도: 윗불 180℃, 밑불 160℃

② 시간: 30~40분

③ 오븐의 위치에 따라 온도 차이가 있을 수 있으므로, 일정시간이 경과한 후 철판의 위치를 바꾸어 전체 제품의 색깔이 균일하게 유지되고 내부가 충분히 익도록 한다.

Dutch Bread

1. 토핑의 되기가 너무 묽으면 갈라짐이 적고, 너무 되면 두껍게 갈라져서 떨어질 수 있다.
2. 직접 빻은 멥쌀가루는 수분을 적게 투입하고, 밀가루 형태로 나온 멥쌀가루는 수분을 더 첨가해야 한다.
3. 온도를 낮게 하여 충분히 구워야 찌그러짐이 없다.

제품 평가표

제조 공정						제품 평가		
순서	세부항목	배점	순서	세부항목	배점	순서	세부항목	배점
1	계량시간	2	13	중간발효	2	24	부피	8
2	재료손실	2	14	정형 숙련도	3	25	외부균형	8
3	계량정확	2	15	정형상태	3	26	껍질	8
4	반죽혼합순서	2	16	팬에 넣기	2	27	내상	8
5	반죽상태	3	17	2차 발효관리	2	28	맛과 향	8
6	반죽온도	3	18	발효상태	4			
7	1차 발효관리	2	19	토핑물 바르기	3			
8	발효상태	3	20	굽기 관리	2			
9	토핑물 제조	2	21	구운 상태	4			
10	분할시간	2	22	정리정돈 및 청소	4			
11	분할 숙련	2	23	개인위생	4			
12	둥글리기	2						

호밀빵

Rye Bread

: 스트레이트법

요구사항

■ **호밀빵을 제조하여 제출하시오.**

1. 배합표의 각 재료를 계량하여 재료별로 진열하시오(10분).
2. 반죽은 스트레이트법으로 제조하시오.
3. 반죽온도는 25℃를 표준으로 하시오.
4. 표준분할무게는 330g으로 하시오.
5. 제품의 형태는 타원형(럭비공 모양)으로 제조하고, 칼집 모양을 가운데 일자로 내시오.
6. 반죽은 전량을 사용하여 성형하시오.

배합표

구분	재료	비율(%)	무게(g)
1	강력분	70	770
2	호밀가루	30	330
3	이스트	2	22
4	제빵개량제	1	11
5	물	60~63	660~693
6	소금	2	22
7	황설탕	3	33
8	쇼트닝	5	55
9	분유	2	22
10	당밀	2	22
합계		177~180	1947~1980

수험자 유의사항

1. 시험시간은 재료 계량시간이 포함된 시간이다.
2. 안전사고가 없도록 유의한다.
3. 의문 사항이 있으면 감독위원에게 문의하고, 감독위원의 지시에 따른다.
4. 다음과 같은 경우에는 채점 대상에서 제외된다.
   ① 시험시간 내에 작품을 제출하지 못한 경우
   ② 시험시간 내에 제출된 작품이라도 다음과 같은 경우

   · 작품의 가치가 없을 정도로 타거나 익지 않은 경우
   · 요구사항을 준수하지 않았을 경우
   · 지급된 재료 이외의 재료를 사용한 경우
   ③ 시험 중 시설·장비의 조작 또는 재료의 취급이 미숙하여 위해를 일으킬 것으로 감독위원 전원이 합의하여 판단한 경우
   ④ 항목별 배점: 제조 공정 60점, 제품평가 40점

제조 공정

1. 재료 계량

재료를 담을 용기의 무게를 측정하여 기록하고, 전 재료를 제한시간 내에 손실과 오차 없이 정확히 계량하여 재료별로 진열한다. ❶

🖐 제한시간 내에 재료 손실이 없이 전 재료를 정확하게 계량하면 만점, 시간을 초과하면 0점 처리한다.

2. 전처리

가루재료(강력분, 탈지분유, 제빵 개량제)를 가볍게 혼합하여 30cm 정도의 높이에서 체질하여 재료를 골고루 분산시키고, 재료에 공기를 혼입시키며, 이물질을 제거한다. ❷

🖐 호밀가루는 껍질을 함유하고 있으므로 체질하지 않는다.

3. 이스트 용해

이스트양의 3~5배의 물(계량된 물의 일부를 이용)에 이스트를 풀어 사용한다. ❸

🖐 5~10분 전에 용해하여 사용한다.

4. 반죽

① 유지(쇼트닝)와 캐러웨이 씨를 제외한 호밀가루와 전 재료(건재료+이스트 용해액+물)를 믹싱 볼에 넣고 믹싱한다. ❹, ❺

🖐 저속(1단 속도)으로 수화(1~2분 정도)시키고, 중속(2~3단 속도)으로 1분 정도 믹싱한다.

🖐 반죽온도 조절을 위하여 물 온도를 조정하여 사용하며 물의 온도는 겨울철에는 온수를 사용하고 여름철에는 수돗물을 사용한다.

> **🎩 TIP**
>
> 황설탕과 당밀은 물에 고르게 풀어서 사용한다.

② '클린업 단계'에서 유지(쇼트닝)를 투입하고 저속으로 혼합한다. ❻

③ 유지가 반죽에 전체적으로 흡수되면 중속으로 최종 단계까지 믹싱한다. ❼

▶ 호밀가루 첨가량이 늘어날수록 반죽시간을 짧게 한다.

④ 반죽 완료 직전에 캐러웨이 씨를 넣어 고루 섞이게 한다. ❽

▶ 캐러웨이 씨는 저속으로 혼합한다.

▶ 캐러웨이 씨가 제공되지 않는 경우는 이 상태에서 반죽을 마무리한다.

⑤ 반죽온도: 25℃

▶ 반죽온도가 높으면 반죽이 질어지기 쉬우므로 반죽온도를 일반 식빵보다 1~2℃ 낮게 한다.

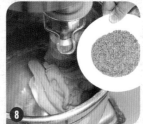

5. 1차 발효

① 믹싱이 완료된 반죽을 표피가 매끄러운 상태가 되도록 하여 얇게 기름칠한 그릇에 담은 후, 반죽 표피가 건조되지 않도록 비닐 또는 면포로 덮어 1차 발효를 시킨다. ❾

② 발효실 온도: 27℃, 습도: 75~80%, 시간: 70~80분

③ 발효상태

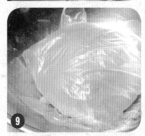

▶ 처음 반죽 부피의 2~3배 정도가 부풀고 손가락에 밀가루를 묻혀 반죽의 윗면을 눌렀을 때 손가락 자국이 남는 상태이거나 반죽의 속 부분을 약간 늘려 보았을 때 유연한 섬유질 상태가 되면 된다. ❿

▶ 일반 식빵 반죽보다 발효를 약간 적게 시키며 반죽 상태와 반죽온도에 따라 발효시간을 조절한다.

6. 성형

반죽을 한 덩이(one loaf) 형태로 제조할 경우는 아래의 공정에 따르지만, 감독위원의 지시에 따라 산형(삼봉형)으로 제조할 경우는 일반 식빵의 제조방법과 유사하게 공정을 진행한다.

① 분할

분할 도중에도 발효가 진행하므로 스크레이퍼(scraper)를 사용하여 짧은 시간 내에 정확히 330g을 분할한다. ⓫

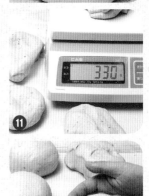

▶ 반죽과 발효 과정에서 형성된 글루텐 막의 손상이 최소화될 수 있도록 한다.

② 둥글리기

반죽 표면이 매끄럽고 모양이 일정하게 신속히 작업한다. **⑫**

📖 반죽의 표피가 찢어지지 않도록 주의한다.

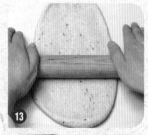

③ 중간발효

발효온도: 실온, 습도 70% 내외, 시간: 15~30분

📖 반죽의 표피가 건조되지 않도록 비닐이나 젖은 헝겊(물기 제거)으로 덮어서 실내에서 10~20분 정도 중간발효를 실시한다.

📖 중간발효시간이 짧은 경우는 밀어 펴기 작업 시 반죽이 수축되어 작업이 어렵고, 과도하게 발효가 진행된 경우는 반죽이 처지게 된다.

④ 정형

- 반죽을 밀대를 이용하여 타원형의 모양으로 두께가 일정하도록 밀어 펴 가스를 빼준다. **⑬**

📖 밀어 펴기 중에는 작업대 위에 최소한의 덧가루를 사용하여 작업대와 반죽이 붙지 않도록 하고, 반죽 윗면과 밀대에도 덧가루를 묻혀 반죽과 밀대가 붙지 않도록 한다.

- 길게 민 반죽을 위에서부터 아래로 둥근 막대 모양으로 단단하게 말아 타원형으로 만들고 이음매가 일자가 되게 잘 봉한다(one loaf형). **⑭, ⑮**

📖 반죽의 매끄러운 면이 표면에 나타나게 말아준다.

7. 팬닝

① 평철판에 기름칠을 적당히 한다. **⑯**

② 정형한 반죽의 이음매가 바닥으로 향하게 하여 일정하게 간격을 잘 맞추어 팬닝한다. **⑰**

📖 반죽이 좌우대칭의 균형이 잘 잡히도록 팬닝에 주의한다.

8. 2차 발효

발효실 온도: 32~35℃, 습도: 85%, 시간: 40~50분 **⑱**

📖 감독위원의 요구가 있을 경우, 발효된 호밀빵의 표면을 약간 건조시킨 후 윗면 2~3군데에 칼집을 넣는다.

9. 굽기

① 오븐 온도: 윗불 160℃, 밑불 190℃

② 시간: 30~35분

③ 오븐의 위치에 따라 온도 차이가 있을 수 있으므로, 25분 정도 경과 후 팬의 위치를 바꾸어 전체 제품의 색깔이 균일하게 유지되고 내부가 충분히 익도록 한다.

Rye Bread

 1. 호밀가루가 들어가면 일반 빵 반죽에 비해서 믹싱을 적게 한다.
2. 믹싱이 과하면 반죽의 탄력성이 없고 점성이 커져서 질어진다.
3. 감독관이 지시하는 모양에 따라 성형하고 칼집을 요구할 시 모양에 맞게 칼집을 낸다.
4. 밑색이 진하게 나올 수 있기 때문에 중간에 철판을 한 장 더 깔아주거나 구울 때 조절한다.

⚫ 제품 평가표

제조 공정						제품 평가		
순서	세부항목	배점	순서	세부항목	배점	순서	세부항목	배점
1	계량시간	2	12	중간발효	2	22	부피	8
2	재료손실	2	13	정형숙련도	4	23	외부균형	8
3	계량정확	2	14	정형상태	5	24	껍질	8
4	반죽혼합순서	2	15	팬에 넣기	2	25	내상	8
5	반죽상태	4	16	2차 발효관리	2	26	맛과 향	8
6	반죽온도	3	17	발효상태	4			
7	1차 발효관리	2	18	굽기 관리	2			
8	발효상태	4	19	구운 상태	4			
9	분할시간	2	20	정리정돈 및 청소	4			
10	분할 숙련	2	21	개인위생	4			
11	둥글리기	2						

건포도
식빵

Raisin Bread

: 스트레이트법

요구사항

■ 건포도식빵을 제조하여 제출하시오.

1. 배합표의 각 재료를 계량하여 재료별로 진열하시오(10분).

2. 반죽은 스트레이트법으로 제조하시오(단, 유지는 클린업 단계에서 첨가하시오).

3. 반죽온도는 27℃를 표준으로 하시오.

4. 표준분할무게는 180g으로 하고, 제시된 팬의 용량을 감안하여 결정하시오(단, 분할무게×3을 1개의 식빵으로 한다).

5. 반죽은 전량을 사용하여 성형하시오.

배합표

구분	재료	비율(%)	무게(g)
1	강력분	100	1400
2	물	60	840
3	이스트	3	42
4	제빵개량제	1	14
5	소금	2	28
6	설탕	5	70
7	마가린	6	84
8	탈지분유	3	42
9	달걀	5	70
10	건포도	25	350
합계		210	2,940

수험자 유의사항

1. 시험시간은 재료 계량시간이 포함된 시간이다.

2. 안전사고가 없도록 유의한다.

3. 의문 사항이 있으면 감독위원에게 문의하고, 감독위원의 지시에 따른다.

4. 다음과 같은 경우에는 채점 대상에서 제외된다.

　① 시험시간 내에 작품을 제출하지 못한 경우

　② 시험시간 내에 제출된 작품이라도 다음과 같은 경우

　　· 작품의 가치가 없을 정도로 타거나 익지 않은 경우

　　· 요구사항을 준수하지 않았을 경우

　　· 지급된 재료 이외의 재료를 사용한 경우

　③ 시험 중 시설·장비의 조작 또는 재료의 취급이 미숙하여 위해를 일으킬 것으로 감독위원 전원이 합의하여 판단한 경우

　④ 항목별 배점: 제조 공정 60점, 제품평가 40점

제조 공정

1. 재료 계량

재료를 담을 용기의 무게를 측정하여 기록하고, 전 재료를 제한시간 내에 손실과 오차 없이 정확히 계량하여 재료별로 진열한다.

▶ 제한시간 내에 재료 손실이 없이 전 재료를 정확하게 계량하면 만점, 시간을 초과하면 0점 처리한다.

2. 건포도 전처리

제시된 건포도가 전처리된 경우에는 그대로 사용하고, 전처리되지 않은 경우는, 건포도 무게의 12%에 해당되는 물(27℃)에 버무려둔다. ❶

3. 이스트 용해

이스트양의 3~5배의 물(계량된 물의 일부를 이용)에 이스트를 풀어 사용한다. ❷

▶ 5~10분 전에 용해하여 사용한다.

4. 가루재료 체질

가루재료(강력분, 이스트 푸드, 탈지분유)를 가볍게 혼합하여 30cm 정도의 높이에서 체질하여 재료를 골고루 분산시키고, 재료에 공기를 혼입시키며, 이물질을 제거한다. ❸

5. 반죽

① 마가린과 건포도를 제외한 전 재료(건 재료+이스트 용해액+달걀+물)를 믹싱 볼에 넣고 믹싱한다. ❹

▶ 저속(1단 속도)으로 수화(1~2분 정도)시키고, 중속(2~3단 속도)으로 1분 정도 믹싱한다.

▶ 반죽온도 조절을 위하여 물 온도를 조정하여 사용하며 물의 온도는 겨울철에는 온수를 사용하고 여름철에는 수돗물을 사용한다.

② '클린업 단계'에서 유지(마가린)를 투입하고 저속으로 혼합한다. ❺

③ 유지가 반죽에 전체적으로 흡수되면 중속으로 최종 단계까지 믹싱한다. ❻

④ 전처리된 건포도를 넣고 저속에서 혼합한다. ❼, ❽

⑤ 반죽온도: 27±1℃

6. 1차 발효

① 믹싱이 완료된 반죽은 반죽의 표면에 건포도가 나오지 않게 하고, 표피가 매끄러운 상태가 되도록 하여 얇게 기름칠한 그릇에 담은 후, 반죽 표피가 건조되지 않도록 비닐 또는 면포로 덮어 1차 발효를 시킨다. ❾

② 발효실 온도: 27℃, 습도: 75~80%, 시간: 70~80분

③ 발효상태

🏃 처음 반죽 부피의 2~3배 정도가 부풀고 손가락에 밀가루를 묻혀 반죽의 윗면을 눌렀을 때 손가락 자국이 남는 상태이거나 반죽의 속 부분을 약간 늘려 보았을 때 유연한 섬유질 상태가 되면 된다.

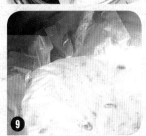

7. 성형

① 분할

분할 도중에도 발효가 진행하므로 스크레이퍼(scraper)를 사용하여 짧은 시간 내에 정확히 180g을 분할한다. ❿

🏃 반죽과 발효 과정에서 형성된 글루텐 막의 손상이 최소화될 수 있도록 한다.

② 둥글리기

반죽 표면이 매끄럽고 모양이 일정하게 신속히 작업한다. ⓫

🏃 반죽의 표피가 찢어지지 않도록 주의한다.

③ 중간발효

발효온도: 실온, 습도 70% 내외, 시간: 10~20분 ⓬

🏃 반죽의 표피가 건조되지 않도록 비닐이나 젖은 헝겊(물기 제거)으로 덮어서 실내에서 10~20분 정도 중간발효를 실시한다.

🏃 중간발효시간이 짧은 경우는 밀어 펴기 작업 시 반죽이 수축되어 작업이 어렵고, 과도하게 발효가 진행된 경우는 반죽이 처지게 된다.

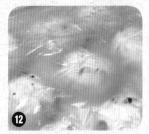

④ 정형

- 반죽을 밀대를 이용하여 타원형의 모양으로 두께가 일정하도록 밀어 펴 가 스를 빼준다.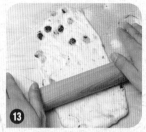

  📝 밀어 펴기 중에는 작업대 위에 최소한의 덧가루를 사용하여 작업대와 반죽이 붙지 않도록 하고, 반죽 윗면과 밀대에도 덧가루를 묻혀 반죽과 밀대가 붙지 않도록 한다.

- 과도한 덧가루는 털어낸 후 반죽의 매끄러운 면이 아래로 향하도록 하고 3겹 접기를 한다.

- 둥글게 단단히 말아준 후 마지막 이음매를 잘 봉합한다.

  📝 반죽의 매끄러운 면이 표면에 나타나게 말아준다.

8. 팬닝

① 식빵 팬의 내부에 기름칠을 적당히 한다.

② 정형한 반죽의 이음매가 팬의 바닥으로 향하게 하여 일정하게 간격을 잘 맞추 어 넣는다.

📝 반죽은 둥글게 말려진 방향이 일치하도록 팬닝한다.

③ 제품의 밑면이 평평하게 잘 나오도록 하기 위해 손등으로 반죽의 윗면을 가볍 게 눌러준다.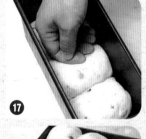

9. 2차 발효

발효실 온도: 35~40℃, 습도: 80~90%, 시간: 50~60분

📝 반죽이 식빵 팬 높이보다 1cm 정도 더 올라오는 시점까지 발효시킨다.

10. 굽기

① 오븐 온도: 윗불 160℃, 밑불 190℃

② 시간: 40~50분

③ 오븐의 위치에 따라 온도 차이가 있을 수 있으므로 시간이 약 25분 정도 경과 후 팬의 위치를 바꾸어 전체 제품의 색깔이 균일하게 유지되고 내부가 충분히 익도록 한다.

👉 식빵 팬과 팬 사이는 일정한 간격을 유지하여 열전달이 용이하게 하여 제품의 옆면이 황금갈색으로 충분히 색깔이 나야 한다. 그렇지 않으면 틀에서 제품을 꺼낸 후 식히는 과정에서 주저앉게 된다.

👉 윗불을 약간 낮게 하여야 건포도에 함유된 당의 영향으로 껍질색이 빨리 형성 되는 것을 방지할 수 있다.

👆 1. 건포도 전처리를 너무 많이 하면 반죽과 섞을 때 으깨어질 수 있다.
2. 건포도는 저속으로 섞고 전체적으로 반죽에 잘 섞여 있어야 완성품 모양이 고르게 나온다.
3. 둥글리기를 할 때 건포도가 윗면에 나오지 않게 주의한다.
4. 건포도가 많이 들어가면 부피가 작아지고, 건포도가 적으면 부피가 크다.
5. 건포도 당분 때문에 색깔이 진하게 날 수 있으므로 윗색에 주의하면서 굽는다.
6. 전체적으로 황금갈색이 나고 내부가 충분히 잘 익도록 한다.

🏅 제품 평가표

	제조 공정						제품 평가		
순서	세부항목	배점	순서	세부항목	배점	순서	세부항목	배점
1	계량시간	2	12	둥글리기	2	23	부피	8
2	재료손실	2	13	중간발효	2	24	외부균형	8
3	계량정확	2	14	정형숙련도	5	25	껍질	8
4	반죽혼합순서	2	15	정형상태	3	26	내상	8
5	반죽상태	3	16	팬에 넣기	2	27	맛과 향	8
6	반죽온도	2	17	2차 발효관리	2			
7	건포도 혼합순서	3	18	발효상태	4			
8	1차 발효관리	2	19	굽기 관리	2			
9	발효상태	4	20	구운 상태	4			
10	분할시간	2	21	정리정돈 및 청소	4			
11	분할 숙련	3	22	개인위생	4			

...and ...their children, ...Motherhood is not ...e all do our best and, when it comes ..., simply hope for the same.

SCHULTHEISS

...S BY BRIAN DOBEN

REAL SIMPLE M 234

버터톱
식빵

Buttertop Bread

: 스트레이트법

요구사항

■ 버터톱 식빵을 제조하여 제출하시오.

1. 배합표의 각 재료를 계량하여 재료별로 진열하시오(9분).
2. 반죽은 스트레이트법으로 만드시오(단, 유지는 클린업 단계에서 첨가하시오).
3. 반죽온도는 27℃를 표준으로 하시오.
4. 분할무게 460g짜리 5개를 만드시오(한 덩이: one loaf).
5. 윗면을 길이로 자르고 버터를 짜 넣는 형태로 만드시오.
6. 반죽은 전량을 사용하여 성형하시오.

배합표

구분	재료	비율(%)	무게(g)
1	강력분	100	1200
2	물	40	480
3	이스트	4	48
4	제빵개량제	1	12
5	소금	1.8	21.6
6	설탕	6	72
7	버터	20	240
8	버터(바르기용)	10	120
9	탈지분유	3	36
10	달걀	20	240
합계		205.8	2,469.6

수험자 유의사항

1. 시험시간은 재료 계량시간이 포함된 시간이다.
2. 안전사고가 없도록 유의한다.
3. 의문 사항이 있으면 감독위원에게 문의하고, 감독위원의 지시에 따른다.
4. 다음과 같은 경우에는 채점 대상에서 제외된다.
   ① 시험시간 내에 작품을 제출하지 못한 경우
   ② 시험시간 내에 제출된 작품이라도 다음과 같은 경우
   · 작품의 가치가 없을 정도로 타거나 익지 않은 경우
   · 요구사항을 준수하지 않았을 경우
   · 지급된 재료 이외의 재료를 사용한 경우
   ③ 시험 중 시설·장비의 조작 또는 재료의 취급이 미숙하여 위해를 일으킬 것으로 감독위원
      전원이 합의하여 판단한 경우
   ④ 항목별 배점: 제조 공정 60점, 제품평가 40점

제조 공정

1. 재료 계량

재료를 담을 용기의 무게를 측정하여 기록하고, 전 재료를 제한시간 내에 손실과 오차 없이 정확히 계량하여 재료별로 진열한다.

👉 제한시간 내에 재료 손실이 없이 전 재료를 정확하게 계량하면 만점, 시간을 초과하면 0점 처리한다.

2. 전처리

가루재료(강력분, 탈지분유, 제빵 개량제)를 가볍게 혼합하여 30cm 정도의 높이에서 체질하여 재료를 골고루 분산시키고, 재료에 공기를 혼입시키며, 이물질을 제거한다. ❶

3. 이스트 용해

이스트양의 3~5배의 물(계량된 물의 일부를 이용)에 이스트를 풀어 사용한다. ❷

👉 5~10분 전에 용해하여 사용한다.

4. 반죽

① 유지(버터)를 제외한 전 재료(건재료+이스트 용해액+달걀+물)를 믹싱 볼에 넣고 믹싱한다. ❸

👉 저속(1단 속도)으로 수화(1~2분 정도)시키고, 중속(2~3단 속도)으로 1분 정도 믹싱한다.

👉 반죽온도 조절을 위하여 물 온도를 조정하여 사용하며 물의 온도는 겨울철에는 온수를 사용하고 여름철에는 수돗물을 사용한다.

② '클린업 단계'에서 유지(버터)를 투입하고 저속으로 혼합한다. ❹

③ 유지가 반죽에 전체적으로 흡수되면 중속으로 최종 단계까지 믹싱한다. ❺

④ 반죽온도: 27±1℃

5. 1차 발효

① 믹싱이 완료된 반죽을 표피가 매끄러운 상태가 되도록 하여 얇게 기름칠한 그릇에 담은 후, 반죽 표피가 건조되지 않도록 비닐 또는 면포로 덮어 1차 발효를 시킨다. ❻

② 발효실 온도: 27℃, 습도: 75~80%, 시간: 50~60분

③ 발효상태

▶ 처음 반죽 부피의 2~3배 정도가 부풀고 손가락에 밀가루를 묻혀 반죽의 윗면을 눌렀을 때 손가락 자국이 남는 상태이거나 반죽의 속 부분을 약간 늘려 보았을 때 유연한 섬유질 상태가 되면 된다. ❼

6. 성형

① 분할

분할 도중에도 발효가 진행하므로 스크레이퍼(scraper)를 사용하여 짧은 시간 내에 정확히 460g을 분할한다. ❽

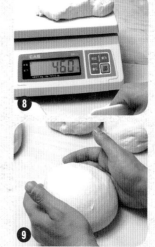

▶ 반죽과 발효 과정에서 형성된 글루텐 막의 손상이 최소화될 수 있도록 한다.

② 둥글리기

반죽 표면이 매끄럽고 모양이 일정하게 신속히 작업한다. ❾

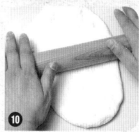

▶ 반죽의 표피가 찢어지지 않도록 주의한다.

③ 중간발효

발효온도: 실온, 습도 70% 내외, 시간: 10~20분

▶ 반죽의 표피가 건조되지 않도록 비닐이나 젖은 헝겊(물기 제거)으로 덮어서 실내에서 10~20분 정도 중간발효를 실시한다.

▶ 중간발효시간이 짧은 경우는 밀어 펴기 작업 시 반죽이 수축되어 작업이 어렵고, 과도하게 발효가 진행된 경우는 반죽이 처지게 된다.

④ 정형

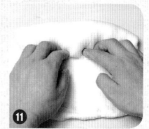

- 반죽을 밀대를 이용하여 타원형의 모양으로 두께가 일정하도록 밀어 펴 가스를 빼준다. ❿

▶ 밀어 펴기 중에는 작업대 위에 최소한의 덧가루를 사용하여 작업대와 반죽이 붙지 않도록 하고, 반죽 윗면과 밀대에도 덧가루를 묻혀 반죽과 밀대가 붙지 않도록 한다.

- 길게 민 반죽을 아래쪽이 약간 넓게 하여 둥글게 말아 이음매가 일자가 되게 잘 봉합하고 작업대에서 살짝 굴리면서 모양을 잡아준다(one loaf형). ⓫, ⓬

▶ 반죽의 매끄러운 면이 표면에 나타나게 말아준다.

7. 팬닝

① 식빵 팬의 내부에 기름칠을 적당히 한다.

② 정형한 반죽의 이음매가 팬의 바닥으로 향하게 하여 제시된 식빵 틀에 넣는다. ⑬

③ 제품의 밑면이 평평하게 잘 나오도록 하기 위해 손등으로 반죽의 윗면을 가볍게 눌러준다. ⑭

8. 2차 발효

① 발효실 온도: 35~38℃, 습도: 85%, 시간: 30~40분

② 발효상태

▶ 반죽이 식빵 팬 높이보다 1cm 정도 더 올라오는 시점까지 발효시킨다.

9. 윗면 자르기, 버터 짜기

2차 발효가 완료되면 반죽의 표면을 실온에서 약간 건조시킨 후 반죽 가운데를 칼로 길게 일자(―)로 자른 다음, 버터를 부드럽게 풀어준 후 짤주머니를 이용하여 칼로 자른 부위에 버터를 짜준다. ⑮, ⑯

▶ 2~3cm 정도 깊이로 자른다.

10. 굽기

① 오븐 온도: 윗불 160℃, 밑불 190℃

② 시간: 30~35분

▶ 식빵 팬의 두께와 철판의 사용유무, 오븐의 열전달 방식 등에 따라 온도와 시간이 달라지므로 다양한 굽기 조건이 가능하다.

▶ 오븐의 위치에 따라 온도 차이가 있을 수 있으므로 시간이 약 25분 정도 경과 후 팬의 위치를 바꾸어 전체 제품의 색깔이 균일하게 유지되고 내부가 충분히 익도록 한다.

제과제빵기능사 이론 및 실기

Buttertop Bread

1. 460g씩 스크레이퍼를 이용하여 신속하고 정확하게 분할한다.
2. 반죽의 이음매가 식빵 틀의 바닥으로 향하게 팬닝하며, 반죽이 팬 바닥에 잘 밀착되도록 손으로 윗부분을 가볍게 눌러준다.
3. 반죽이 팬 높이보다 1cm 아래까지 발효시킨다.
4. 칼집을 넣을 때는 2차 발효 후 실온에서 살짝 건조시킨 후 칼집을 0.3cm 정도로 넣는다.
5. 버터를 짤 때는 버터가 포마드화 상태가 되었을 때 짜기가 쉽다.
6. 제품이 전체적으로 황금갈색이어야 한다.

제품 평가표

제조 공정						제품 평가		
순서	세부항목	배점	순서	세부항목	배점	순서	세부항목	배점
1	계량시간	2	12	중간발효	2	23	부피	8
2	재료손실	2	13	정형숙련도	4	24	외부균형	8
3	계량정확	2	14	정형상태	4	25	껍질	8
4	반죽혼합순서	2	15	팬에 넣기	2	26	내상	8
5	반죽상태	3	16	2차 발효관리	2	27	맛과 향	8
6	반죽온도	2	17	발효상태	4			
7	1차 발효관리	2	18	칼집, 버터 짜기	3			
8	발효상태	4	19	굽기 관리	2			
9	분할시간	2	20	구운 상태	4			
10	분할 숙련	2	21	정리정돈 및 청소	4			
11	둥글리기	2	22	개인위생	4			

옥수수
식빵

Corn Bread

: 스트레이트법

■ 옥수수식빵을 제조하여 제출하시오.

1. 배합표의 각 재료를 계량하여 재료별로 진열하시오(11분).
2. 반죽은 스트레이트법으로 제조하시오(단, 유지는 클린업 단계에서 첨가 하시오).
3. 반죽온도는 27℃를 표준으로 하시오.
4. 표준분할무게는 180g으로 하고, 제시된 팬의 용량을 감안하여 결정하시오(단, 분할무게×3을 1개의 식빵으로 한다).
5. 반죽은 전량을 사용하여 성형하시오.

배합표

구분	재료	비율(%)	무게(g)
1	강력분	80	1040
2	옥수수분말	20	260
3	물	60	780
4	이스트	2.5	32.5
5	제빵개량제	1	13
6	소금	2	26
7	설탕	8	104
8	쇼트닝	7	91
9	탈지분유	3	39
10	달걀	5	65
11	활성 글루텐	3	39
합계		191.5	2489.5

수험자 유의사항

1. 시험시간은 재료 계량시간이 포함된 시간이다.
2. 안전사고가 없도록 유의한다.
3. 의문 사항이 있으면 감독위원에게 문의하고, 감독위원의 지시에 따른다.
4. 다음과 같은 경우에는 채점 대상에서 제외된다.
    ① 시험시간 내에 작품을 제출하지 못한 경우
    ② 시험시간 내에 제출된 작품이라도 다음과 같은 경우

· 작품의 가치가 없을 정도로 타거나 익지 않은 경우
· 요구사항을 준수하지 않았을 경우
· 지급된 재료 이외의 재료를 사용한 경우
③ 시험 중 시설·장비의 조작 또는 재료의 취급이 미숙하여 위해를 일으킬 것으로 감독위원 전원이 합의하여 판단한 경우
④ 항목별 배점: 제조 공정 60점, 제품평가 40점

제조 공정

1. 재료 계량

재료를 담을 용기의 무게를 측정하여 기록하고, 전 재료를 제한시간 내에 손실과 오차 없이 정확히 계량하여 재료별로 진열한다.

🥄 제한시간 내에 재료 손실이 없이 전 재료를 정확하게 계량하면 만점, 시간을 초과하면 0점 처리한다.

2. 전처리

가루재료(강력분, 옥수수가루, 이스트 푸드, 탈지분유, 활성 글루텐)를 가볍게 혼합하여 30cm 정도의 높이에서 체질하여 재료를 골고루 분산시키고, 재료에 공기를 혼입시키며, 이물질을 제거한다. ❶

3. 이스트 용해

이스트양의 3~5배의 물(계량된 물의 일부를 이용)에 이스트를 풀어 사용한다. ❷

🥄 5~10분 전에 용해하여 사용한다.

4. 반죽

① 유지(쇼트닝)를 제외한 전 재료(건재료+이스트 용해액+달걀+물)를 믹싱 볼에 넣고 믹싱한다. ❸

🥄 저속(1단 속도)으로 수화(1~2분 정도)시키고, 중속(2~3단 속도)으로 1분 정도 믹싱한다.

🥄 반죽온도 조절을 위하여 물 온도를 조정하여 사용하며 물의 온도는 겨울철에는 온수를 사용하고 여름철에는 수돗물을 사용한다.

② '클린업 단계'에서 유지(쇼트닝)를 투입하고 저속으로 혼합한다. ❹

③ 유지가 반죽에 전체적으로 흡수되면 중속으로 최종 단계(일반 식빵 반죽의 90% 정도)까지 믹싱한다. ❺

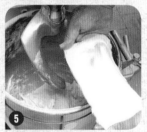

④ 반죽온도: 27±1℃

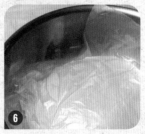

5. 1차 발효

① 믹싱이 완료된 반죽을 표피가 매끄러운 상태가 되도록 하여 얇게 기름칠한 그릇에 담은 후, 반죽 표피가 건조되지 않도록 비닐 또는 면포로 덮어 1차 발효를 시킨다. ❻

② 발효실 온도: 27℃, 습도: 75~80%, 시간: 70~80분

③ 발효상태

📌 처음 반죽 부피의 2~3배 정도가 부풀고 손가락에 밀가루를 묻혀 반죽의 윗면을 눌렀을 때 손가락 자국이 남는 상태이거나 반죽의 속 부분을 약간 늘려 보았을 때 유연한 섬유질 상태가 되면 된다. ❼

6. 성형

① 분할

180g을 분할한다. ❽

② 둥글리기

작업대 위에 덧가루를 적당량 사용해가며 반죽 표면이 매끄럽고 모양이 일정하게 신속히 작업한다. ❾

③ 중간발효

발효온도: 실온, 습도 70% 내외, 시간: 10~20분 ❿

📌 반죽의 표피가 건조되지 않도록 비닐이나 젖은 헝겊(물기 제거)으로 덮어서 실내에서 10~20분 정도 중간발효를 실시한다.

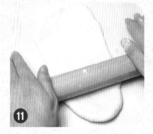

🍴 TIP

옥수수가루와 같이 점성이 있는 가루를 사용한 반죽은 발효를 과다하게 하면 달라붙는다. ⓫

④ 정형

- 반죽을 밀대를 이용하여 타원형의 모양으로 두께가 일정하도록 밀어 펴 가스를 빼준다. ⑪

  📖 밀어 펴기 중에는 작업대 위에 최소한의 덧가루를 사용하여 작업대와 반죽이 붙지 않도록 하고, 반죽 윗면과 밀대에도 덧가루를 묻혀 반죽과 밀대가 붙지 않도록 한다.

- 과도한 덧가루는 털어낸 후 반죽의 매끄러운 면이 아래로 향하도록 하고 3겹 접기를 한다. ⑫

- 둥글게 단단히 말아준 후 마지막 이음매를 잘 봉합한다. ⑬

  📖 반죽의 매끄러운 면이 표면에 나타나게 말아준다.

7. 팬닝

① 식빵 팬의 내부에 기름칠을 적당히 한다.

② 정형한 반죽의 이음매가 팬의 바닥으로 향하게 하여 한 팬에 3덩이씩 일정하게 간격을 잘 맞추어 넣는다. ⑭

📖 반죽은 둥글게 말려진 방향이 일치하도록 팬닝한다.

③ 제품의 밑면이 평평하게 잘 나오도록 하기 위해 손등으로 반죽의 윗면을 가볍게 눌러준다. ⑮

8. 2차 발효

① 발효실 온도: 38~43℃, 습도: 80~90%, 시간: 40~45분

② 발효상태

📖 반죽이 식빵 팬 높이보다 1~1.5cm 정도 더 올라오는 시점까지 발효시킨다(옥수수식빵은 일반 식빵보다 오븐 팽창이 적으므로 2차 발효를 조금 더 시킨다).

9. 굽기

① 오븐 온도: 윗불 160℃, 밑불 180℃

② 시간: 35~40분

🚩 식빵 팬의 두께와 철판의 사용유무, 오븐의 열전달 방식 등에 따라 온도와 시간이 달라지므로 다양한 굽기 조건이 가능하다.

🚩 오븐의 위치에 따라 온도 차이가 있을 수 있으므로 시간이 약 25분 정도 경과 후 팬의 위치를 바꾸어 전체 제품의 색깔이 균일하게 유지되고 내부가 충분히 익도록 한다.

🚩 식빵 팬과 팬 사이는 일정한 간격을 유지하여 열전달이 용이하게 하여 제품의 옆면이 황금갈색으로 충분히 색깔이 나야 한다. 그렇지 않으면 틀에서 제품을 꺼낸 후 식히는 과정에서 주저앉게 된다.

corn Bread

🧤 1. 활성 글루텐은 밀가루 대비 2~3% 정도 사용한다.
2. 옥수수가루가 들어가 일반 빵 반죽에 비해 짧게 믹싱한다.
3. 반죽이 팬 높이보다 1cm 높이 올라온 시점이 2차 발효 완료점이다.
4. 구울 때 일반 식빵 반죽에 비해 윗색이 진하게 날 수 있기 때문에 주의한다.

🍪 제품 평가표

제조 공정						제품 평가		
순서	세부항목	배점	순서	세부항목	배점	순서	세부항목	배점
1	계량시간	2	12	중간발효	2	22	부피	8
2	재료손실	2	13	정형숙련도	4	23	외부균형	8
3	계량정확	2	14	정형상태	5	24	껍질	8
4	반죽혼합순서	2	15	팬에 넣기	2	25	내상	8
5	반죽상태	4	16	2차 발효관리	2	26	맛과 향	8
6	반죽온도	3	17	발효상태	4			
7	1차 발효관리	2	18	굽기 관리	2			
8	발효상태	4	19	구운 상태	4			
9	분할시간	2	20	정리정돈 및 청소	4			
10	분할 숙련	2	21	개인위생	4			
11	둥글리기	2						

데니시
페이스
트리

Danish Pastry

: 스트레이트법

요구사항

■ **데니시 페이스트리를 제조하여 제출하시오.**

1. 배합표의 각 재료를 계량하여 재료별로 진열하시오(10분).

2. 반죽을 스트레이트법으로 제조하시오.

3. 반죽온도는 20℃를 표준으로 하시오.

4. 모양은 달팽이형, 초생달형, 바람개비형 등 감독위원이 선정한 2가지를 만드시오.

5. 접기와 밀어 펴기는 3겹 접기 3회로 하시오.

6. 반죽은 전량을 사용하여 성형하시오.

배합표

구분	재료	비율(%)	무게(g)
1	강력분	80	720
2	박력분	20	180
3	물	45	405
4	이스트	5	45
5	소금	2	18
6	설탕	15	135
7	마가린	10	90
8	분유	3	27
9	달걀	15	135
10	충전용 유지	총 배합율의 30%	526.5
합계		195	1755

수험자 유의사항

1. 시험시간은 재료 계량시간이 포함된 시간이다.

2. 안전사고가 없도록 유의한다.

3. 의문 사항이 있으면 감독위원에게 문의하고, 감독위원의 지시에 따른다.

4. 다음과 같은 경우에는 채점 대상에서 제외된다.

　① 시험시간 내에 작품을 제출하지 못한 경우

　② 시험시간 내에 제출된 작품이라도 다음과 같은 경우

　　· 작품의 가치가 없을 정도로 타거나 익지 않은 경우

　　· 요구사항을 준수하지 않았을 경우

　　· 지급된 재료 이외의 재료를 사용한 경우

　③ 시험 중 시설·장비의 조작 또는 재료의 취급이 미숙하여 위해를 일으킬 것으로 감독위원
　　전원이 합의하여 판단한 경우

　④ 항목별 배점: 제조 공정 60점, 제품평가 40점

제조 공정

1. 재료 계량

재료를 담을 용기의 무게를 측정하여 기록하고, 전 재료를 제한시간 내에 손실과 오차 없이 정확히 계량하여 재료별로 진열한다.

제한시간 내에 재료 손실이 없이 전 재료를 정확하게 계량하면 만점, 시간을 초과하면 0점 처리한다.

2. 전처리

가루재료(강력분, 박력분, 탈지분유)를 가볍게 혼합하여 30cm 정도의 높이에서 체질하여 재료를 골고루 분산시키고, 재료에 공기를 혼입시키며, 이물질을 제거한다. ❶

3. 이스트 용해

이스트양의 3~5배의 물(계량된 물의 일부를 이용)에 이스트를 풀어 사용한다. ❷

5~10분 전에 용해하여 사용한다. ❸

4. 반죽

① 유지(마가린)와 충전용 유지를 제외한 전 재료(건재료+이스트 용해액+달걀+물)를 믹싱 볼에 넣고 믹싱한다.

반죽온도 조절을 위해 냉수를 사용한다.

② 마가린을 투입한 후 저속으로 혼합하여 유지가 반죽에 전체적으로 흡수되도록 한다. ❹

③ 중속(2단 속도)으로 4분가량 믹싱하여 발전단계에서 마무리한다. ❺

밀어 펴기 과정에서 글루텐이 많이 형성되므로, 과믹싱하면 밀어 펴기가 힘들고 완제품의 껍질이 부스러지거나 주저앉기 쉽다.

④ 반죽온도: 20℃

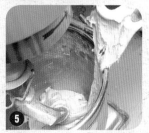

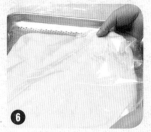

5. 휴지

반죽을 둥글린 후 덧가루를 약간 뿌린 비닐 위에서 얇게 눌러 편 후 반죽이 마르지 않도록 비닐로 반죽을 감싸고, 냉장고에서 30분 정도 휴지시킨다. **⑥**

🚩 반죽이 두꺼우면 반죽의 내부 온도가 떨어지지 않아 발효가 진행될 수 있다.

6. 유지 충전 및 밀어 펴기

① 냉장고에서 반죽을 꺼내어 두께가 일정하게 정사각형으로 충전용 유지를 반죽 위에 놓았을 때, 감쌀 수 있을 정도의 크기로 밀어 편다. **❼**

② 밀어 편 반죽 위에 충전용 유지를 놓고 감싼 뒤 이음매를 잘 봉한다. **❽**

🚩 충전용 유지를 반죽의 되기와 같게 준비해 둔다.

③ 밀대로 반죽을 눌러 충전용 유지와 밀착시킨다. **❾**

④ 충전용 유지를 감싼 반죽을 밀어 퍼서 3겹 접기를 3회 실시한다. **❿**

7. 성형

▪ 반죽의 세로가 35cm, 두께가 1cm 정도 되게 밀어 편 후 달팽이형을 먼저 재단한다.

▪ 반죽의 두께가 3~4mm 정도 되게 밀어 펴 초승달형, 바람개비형, 포켓형을 성형한다.

① 달팽이형

  ▪ 반죽을 1cm 두께로 밀어 편 후 가로 1cm, 세로 30cm의 긴 막대 모양을 자른다. **⓫**

  ▪ 반죽의 양 끝부분을 잡고 꼬아준 후, 한 쪽 끝을 중심으로 하여 원형으로 말아 감는다. **⓬, ⓭**

🚩 너무 단단히 말면 발효와 굽기 과정에서 중앙이 위로 솟아오른다.

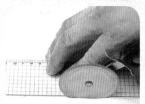

🍞 전체 공정

반죽 휴지 ▶ 반죽 밀어 펴기 ▶ 충전용 유지 감싸기 ▶ 밀어 펴기 ▶ 3겹 접기(1회) ▶ 냉장 휴지 ▶ 밀어 펴기 ▶ 3겹 접기(2회) ▶ 냉장 휴지 ▶ 밀어 펴기 ▶ 3겹 접기(3회) ▶ 냉장 휴지 ▶ 밀어 펴기 (성형)

---

② 초승달형(크로아상)

- 반죽을 3~4mm 정도 두께로 밀어 편 후 밑변 10cm, 높이 20cm인 이등변 삼각형으로 자른다. ⑭
- 밑변 쪽의 중간 부위를 1cm 정도 칼집을 낸다.
- 양 옆으로 약간 벌리면서 밑변 쪽에서 꼭짓점 방향으로 단단하게 말아준 후 꼭지점 부분을 몸통에 붙인다. ⑮
- 붙인 부위가 바닥 쪽으로 향하게 한 후 양끝을 구부려 초승달 모양으로 만든다.

③ 바람개비형

- 반죽을 3~4mm 정도 두께로 밀어 편 후 가로 10cm, 세로 10cm의 정사각형으로 자른다. ⑯
- 각 꼭짓점에서 중심 방향으로 2/3 정도 자르고, 4꼭짓점와 각 한쪽 끝을 중심에 모아 붙인다. ⑰, ⑱

④ 포켓형

- 반죽을 3~4mm 정도 두께로 밀어 편 후 가로 10cm, 세로 10cm의 정사각형으로 자른다. ⑲
- 대각선으로 절반을 포개고, 포개어진 꼭짓점 부분을 향하여, 접혀진 부위의 가장자리 두 부분에서 1cm의 간격을 두고 꼭짓점 1cm 못 미치는 지점까지 칼집을 낸다. ⑳
- 펼쳐서 엇갈리게 하여 눌러준다. ㉑

8. 팬닝

① 평철판에 기름칠을 얇게 칠하고, 한 철판에 동일한 모양의 반죽을 서로 붙지 않을 정도의 간격으로 팬닝한다. ㉒
② 반죽 윗면에 달걀물을 발라준다. ㉓

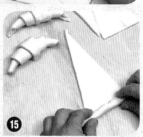

9. 2차 발효

① 발효실 온도: 28~33℃, 습도: 75~80%, 시간: 20~40분

② 발효상태

👌 유지층을 살리기 위해 2차 발효온도와 습도가 낮으며, 일반 빵 반죽 발효의 75~80% 정도만 발효시킨다.

10. 굽기

① 오븐 온도: 윗불 200℃, 밑불 150℃

② 시간: 10~15분

👌 온도가 낮으면 반죽 층 사이의 유지가 흘러나와서 부피형성을 제대로 시켜주지 못하므로 고온 단시간으로 굽는다.

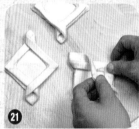

✋ 1. 찬물을 사용하여 반죽온도를 20℃로 맞춘다.
2. 유지는 부드러운 상태로 만든 후 사용하며, 유지의 되기와 반죽의 되기는 같아야 한다.
3. 2차 발효의 온도와 습도는 일반 빵 반죽에 비해 낮게 하여 발효한다(높으면 유지가 녹아 흘러내린다).
4. 오븐에서 굽는 중에는 오븐 문을 열지 않는다.
5. 처음에는 높은 온도로 구워 팽창이 잘되게 하고 색이 나면 온도를 낮추어 전체적인 색이 고르게 나오게 한다.
6. 작업실 온도는 18~20℃가 좋으며, 작업속도가 너무 느리면 발효가 되어 완제품의 크기에 영향을 주기 때문에 신속하고 빠르게 작업한다.

🍩 제품 평가표

제조 공정						제품 평가		
순서	세부항목	배점	순서	세부항목	배점	순서	세부항목	배점
1	계량시간	2	11	정형숙련도	5	20	부피	8
2	재료손실	2	12	정형상태	5	21	외부균형	8
3	계량정확	2	13	팬에 넣기	2	22	껍질	8
4	반죽혼합순서	2	14	2차 발효관리	2	23	내상	8
5	반죽상태	4	15	발효상태	3	24	맛과 향	8
6	반죽온도	3	16	굽기 관리	2			
7	반죽 휴지	3	17	구운 상태	4			
8	휴지된 반죽상태	3	18	정리정돈 및 청소	4			
9	유지 싸기	4	19	개인위생	4			
10	밀기	4						

모카빵

Mocha Bread

: 스트레이트법

요구사항

■ 모카빵을 제조하여 제출하시오.

1. 배합표의 빵 반죽 재료를 계량하여 재료별로 진열하시오.(11분).
2. 반죽은 스트레이트법으로 제조하시오(단, 유지는 클린업 단계에서 첨가하시오).
3. 반죽온도는 27℃를 표준으로 하시오.
4. 반죽 1개의 분할무게는 250g, 1개당 비스킷은 100g씩으로 제조하시오.
5. 제품의 형태는 타원형(럭비공 모양)으로 제조하시오.
6. 토핑용 비스킷은 주어진 배합표에 의거 직접 제조하시오.
7. 반죽은 전량을 사용하여 성형하시오.

배합표

1. 반죽

구분	재료	비율(%)	무게(g)
1	강력분	100	1100
2	물	45	495
3	이스트	5	55
4	제빵개량제	1	11
5	소금	2	22
6	설탕	15	165
7	버터	12	132
8	탈지분유	3	33
9	달걀	10	110
10	커피	1.5	16.5
11	건포도	15	165
합계		209.5	2304.5

2. 토핑용 비스킷

구분	재료	비율(%)	무게(g)
1	박력분	100	500
2	버터	20	100
3	설탕	40	200
4	달걀	24	120
5	베이킹파우더	1.5	7.5
6	우유	12	60
7	소금	0.6	3
합계		198.1	990.5

제조 공정

1. 재료 계량

재료를 담을 용기의 무게를 측정하여 기록하고, 전 재료를 제한시간 내에 손실과 오차 없이 정확히 계량하여 재료별로 진열한다.

▶ 제한시간 내에 재료 손실이 없이 전 재료를 정확하게 계량하면 만점, 시간을 초과하면 0점 처리한다.

2. 전처리

① 건포도가 전처리되지 않은 경우는, 건포도 양의 12%에 해당하는 물(27℃)에 버무려 둔다. ❶

② 반죽에 사용할 물의 일부로 커피를 미리 용해시켜둔다.

③ 가루재료(강력분, 탈지분유, 이스트 푸드)를 가볍게 혼합하여 30cm 정도의 높이에서 체질하여 재료를 골고루 분산시키고, 재료에 공기를 혼입시키며, 이물질을 제거한다. ❷

3. 이스트 용해

이스트양의 3~5배의 물(계량된 물의 일부를 이용)에 이스트를 풀어 사용한다. ❸

▶ 5~10분 전에 용해하여 사용한다.

4. 반죽

① 마가린과. 건포도를 제외한 전재료(건재료+이스트 용해액+커피 용해액+달걀+물)를 믹싱 볼에 넣고 믹싱한다. ❹

▶ 저속(1단 속도)으로 수화(1~2분 정도)시키고, 중속(2~3단 속도)으로 1분 정도 믹싱한다.

▶ 반죽온도 조절을 위하여 물 온도를 조정하여 사용하며 물의 온도는 겨울철에는 온수를 사용하고 여름철에는 수돗물을 사용한다.

② '클린업 단계'에서 유지(마가린)를 투입하고 저속으로 혼합한다. ❺

③ 유지가 반죽에 전체적으로 흡수되면 중속으로 최종 단계까지 믹싱한다. ❻

④ 전처리된 건포도를 넣고 저속으로 혼합한다. ❼

▶ 건포도는 밀가루로 표면을 코팅하여 표면에 있는 물기를 제거한 후 사용한다.

⑤ 반죽온도: 27±1℃

5. 1차 발효

① 믹싱이 완료된 반죽의 표면에 건포도가 나오지 않게 하고, 표피가 매끄러운 상태가 되도록 하여 얇게 기름칠한 그릇에 담은 후, 반죽 표피가 건조되지 않도록 비닐 또는 면포로 덮어 1차 발효를 시킨다. ❽

② 발효실 온도: 27℃, 습도: 75~80%, 시간: 50~60분

③ 발효상태

▶ 처음 반죽 부피의 3배 정도가 부풀고 손가락에 밀가루를 묻혀 반죽의 윗면을 눌렀을 때 손가락 자국이 남는 상태이거나 반죽의 속 부분을 약간 늘려 보았을 때 유연한 섬유질 상태가 되면 된다. ❾

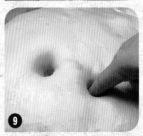

6. 토핑용 비스킷 만들기

① 스테인리스 볼에 버터를 넣고 부드럽게 풀어준 후 설탕, 소금을 넣고 믹싱하면서, 달걀을 세 번 정도로 나누어 서서히 투입하여 부드러운 크림 상태가 될 때 까지 믹싱한다. ❿

② 우유와 체질해둔 가루재료(박력분+베이킹파우더)를 넣고 나무주걱으로 섞는다. ⓫

③ 밀가루가 보이지 않으면서 한 덩어리로 뭉쳐질 정도까지 가볍게 반죽하여 비닐에 싸서 냉장 휴지시킨다.

7. 성형

① 분할

250g을 분할한다. ⓬

> ▶ 반죽과 발효 과정에서 형성된 글루텐 막의 손상이 최소화될 수 있도록 한다.

② 둥글리기

반죽 표면에 매끄럽고 모양이 일정하게 둥글리기하며 건포도가 반죽 밖으로 나오지 않게 하여 타원형으로 만든다. ⓭

③ 중간발효

발효온도: 실온, 습도 70% 내외, 시간: 10~20분

> ▶ 반죽의 표피가 건조되지 않도록 비닐이나 젖은 헝겊(물기 제거)으로 덮어서 실내에서 10~20분 정도 중간발효를 실시한다.

④ 정형

- 밀대로 반죽의 두께가 일정하도록 타원형으로 밀어 펴 가스를 빼준다. ⓮

> ▶ 작업대 위에 최소한의 덧가루를 뿌려 작업대와 반죽이 붙지 않도록 하고, 반죽 윗면과 밀대에도 덧가루를 묻혀 반죽과 밀대가 붙지 않도록 한다.

- 반죽을 뒤집어 좁은 부분부터 말아서 타원형으로 만든고 끝부분을 봉합한다. ⓯, ⓰

- 휴지시킨 비스킷 반죽을 100g씩 분할하여 비닐이나 광목 위에서 밀대를 이용하여 4mm 정도 두께의 타원형으로 밀어 펴기 한다.

- 붓으로 빵 반죽 위에 얇게 물 칠을 하고 빵 반죽 위에 비스킷 반죽을 얹어 빵 반죽을 감싼다. ⓱, ⓲

> ▶ 빵 반죽이 발효하면서 부피가 커지므로 비스킷 반죽이 충분히 감싸져야 한다.

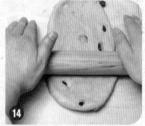

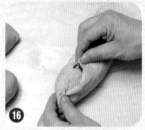

8. 팬닝

평철판에 기름칠을 얇게 칠하고, 정형한 반죽의 이음매가 팬의 바닥으로 향하게 하여 서로 붙지 않을 정도의 간격으로 팬닝한다. ⓳

9. 2차 발효

① 발효실 온도: 35~38℃, 습도: 80~85%, 시간: 30분

② 발효상태

🐾 가스 보유력이 최대인 상태까지 발효시키며 발효실 온도는 40℃를 넘지 않게 해야 한다. 설탕 함량이 많은 비스킷 반죽은 2차 발효온도가 높으면 설탕이 녹아 구멍이 생길 수 있다. ⑳

10. 굽기

① 오븐 온도: 윗불 190℃, 밑불 150℃

② 시간: 25~35분

🐾 오븐의 위치에 따라 온도 차이가 있을 수 있으므로, 일정 시간이 경과한 후 철판의 위치를 바꾸어 전체 제품의 색깔이 균일하게 유지되고 내부가 충분히 익도록 한다.

🧤 1. 건포도 양의 12%에 해당되는 물(27℃)에 전처리해 준다.
2. 건포도가 으깨어지지 않도록 저속으로 혼합해주고 고르게 혼합되면 반죽을 완료한다.
3. 비스킷 반죽을 만들어 냉장휴지한다.
4. 250g씩 스크레이퍼를 이용하여 빠르고 정확하게 분할하고, 비스킷 반죽도 100g으로 분할해 놓는다.
5. 둥글리기 할 때 건포도가 윗부분에 올라오지 않도록 주의한다.
6. 비스킷을 바닥까지 덮일 정도로 씌어준다.
7. 2차 발효 후 살짝 말린 후 구우면 더 잘 갈라진다.
8. 반 정도 구워졌을 때 팬을 돌려주어 골고루 색을 내준다.

🟢 제품 평가표

제조 공정						제품 평가		
순서	세부항목	배점	순서	세부항목	배점	순서	세부항목	배점
1	계량시간	2	13	둥글리기	2	24	부피	8
2	재료손실	2	14	중간발효	2	25	외부균형	8
3	계량정확	2	15	정형숙련도	3	26	껍질	8
4	반죽혼합순서	2	16	정형상태	5	27	내상	8
5	반죽상태	3	17	팬에 넣기	2	28	맛과 향	8
6	반죽온도	2	18	2차 발효관리	2			
7	1차 발효관리	2	19	발효상태	3			
8	발효상태	3	20	굽기 관리	2			
9	토핑물 제조 공정	2	21	구운 상태	4			
10	토핑물 상태	3	22	정리정돈 및 청소	4			
11	분할시간	2	23	개인위생	4			
12	분할 숙련	2						

버터롤

Butter Roll

: 스트레이트법

요구사항

■ 버터롤을 제조하여 제출하시오.

1. 배합표의 각 재료를 계량하여 재료별로 진열하시오(9분).
2. 반죽은 스트레이트법으로 제조하시오(단, 유지는 클린업 단계에 첨가하시오)
3. 반죽온도는 27℃를 표준으로 하시오.
4. 반죽 1개의 분할무게는 40g으로 제조하시오.
5. 제품의 형태는 번데기 모양으로 제조하시오.
6. 반죽은 전량을 사용하여 성형하시오.

배합표

구분	재료	비율(%)	무게(g)
1	강력분	100	1100
2	설탕	10	110
3	소금	2	22
4	버터	15	165
5	탈지분유	3	33
6	달걀	8	88
7	이스트	4	44
8	제빵개량제	1	11
9	물	53	583
합계		196	2156

수험자 유의사항

1. 시험시간은 재료 계량시간이 포함된 시간이다.
2. 안전사고가 없도록 유의한다.
3. 의문 사항이 있으면 감독위원에게 문의하고, 감독위원의 지시에 따른다.
4. 다음과 같은 경우에는 채점 대상에서 제외된다.
    ① 시험시간 내에 작품을 제출하지 못한 경우
    ② 시험시간 내에 제출된 작품이라도 다음과 같은 경우
        · 작품의 가치가 없을 정도로 타거나 익지 않은 경우
        · 요구사항을 준수하지 않았을 경우
        · 지급된 재료 이외의 재료를 사용한 경우
    ③ 시험 중 시설·장비의 조작 또는 재료의 취급이 미숙하여 위해를 일으킬 것으로 감독위원 전원이 합의하여 판단한 경우
    ④ 항목별 배점: 제조 공정 60점, 제품평가 40점

제조 공정

1. 재료 계량

재료를 담을 용기의 무게를 측정하여 기록하고, 전 재료를 제한시간 내에 손실과 오차 없이 정확히 계량하여 재료별로 진열한다.

🔖 제한시간 내에 재료 손실이 없이 전 재료를 정확하게 계량하면 만점, 시간을 초과하면 0점 처리한다.

2. 전처리

가루재료(강력분, 탈지분유, 제빵 개량제)를 가볍게 혼합하여 30cm 정도의 높이에서 체질하여 재료를 골고루 분산시키고, 재료에 공기를 혼입시키며, 이물질을 제거한다. ❶

3. 이스트 용해

이스트양의 3~5배의 물(계량된 물의 일부를 이용)에 이스트를 풀어 사용한다. ❷

🔖 5~10분 전에 용해하여 사용한다.

4. 반죽

① 유지(버터)를 제외한 전 재료(건재료+이스트 용해액+달걀+물)를 믹싱 볼에 넣고 믹싱한다. ❸

🔖 저속(1단 속도)으로 수화(1~2분 정도)시키고, 중속(2~3단 속도)으로 1분 정도 믹싱한다.

🔖 반죽온도 조절을 위하여 물 온도를 조정하여 사용하며 물의 온도는 겨울철에는 온수를 사용하고 여름철에는 수돗물을 사용한다.

② '클린업 단계'에서 유지(버터)를 투입하고 저속으로 혼합한다. ❹

③ 유지가 반죽에 전체적으로 흡수되면 중속으로 최종 단계까지 믹싱한다. ❺

④ 반죽온도: 27±1℃

5. 1차 발효

① 믹싱이 완료된 반죽을 표피가 매끄러운 상태가 되도록 하여 얇게 기름칠한 그릇에 담은 후, 반죽 표피가 건조되지 않도록 비닐 또는 면포로 덮어 1차 발효를 시킨다. ❻

② 발효실 온도: 27℃, 습도: 75~80%, 시간: 60~80분

③ 발효상태

▶ 처음 반죽 부피의 3~3.5배 정도가 부풀고 손가락에 밀가루를 묻혀 반죽의 윗면을 눌렀을 때 손가락 자국이 남는 상태이거나 반죽의 속 부분을 약간 늘려 보았을 때 유연한 섬유질 상태가 되면 된다. ❼

6. 성형

① 분할

분할 도중에도 발효가 진행하므로 스크레이퍼(scraper)를 사용하여 짧은 시간 내에 정확히 40g을 분할한다. ❽

▶ 반죽과 발효 과정에서 형성된 글루텐 막의 손상이 최소화될 수 있도록 한다.

② 둥글리기

반죽 표면이 매끄럽고 모양이 일정하게 신속히 작업한다. ❾

▶ 반죽의 표피가 찢어지지 않도록 주의한다.

③ 중간발효

발효온도: 실온, 습도 70% 내외, 시간: 10~20분 ❿

▶ 반죽의 표피가 건조되지 않도록 비닐이나 젖은 헝겊(물기 제거)으로 덮어서 실내에서 10~20분 정도 중간발효를 실시한다.

④ 정형

- 작업대 위에서 반죽의 한쪽 끝을 손바닥으로 비벼서 한쪽 끝은 둥글고, 다른 한쪽 끝은 뾰족한 모양으로 만든다. ⓫

- 반죽의 뾰족한 부분에서 둥글고 굵은 방향 쪽으로 밀대를 이용하여 2mm 두께로 밀어 편다. ⓬

- 넓은 부위부터 좁은 부분으로 반죽을 말아 감는다. ⓭, ⓮

▶ 좌우대칭이 되도록 말아야 한다.

7. 팬닝

① 평철판에 기름칠을 얇게 칠하고, 반죽의 이음매 부위가 밑으로 가게 하여 반죽이 서로 붙지 않을 정도의 간격으로 팬닝한다. **⑮**

② 반죽 윗면에 달걀물을 발라준다. **⑯**

📌 달걀물은 달걀노른자(20g)와 물(100g)의 비율을 1:5 정도로 맞춘다.

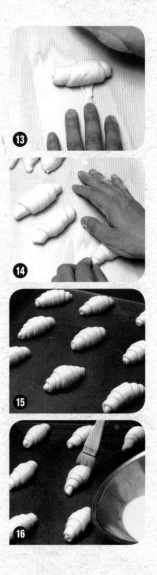

8. 2차 발효

① 발효실 온도: 35~40℃, 습도: 85%, 시간: 30~40분

② 발효상태

📌 가스 보유력이 최대인 상태까지 발효한다.

9. 굽기

① 오븐 온도: 윗불 190℃, 밑불 150℃

② 시간: 10~15분.

Butter Roll

1. 버터양이 많은 반죽이므로 버터를 두 번에 나누어 믹싱하면 반죽시간을 줄일 수 있다.
2. 이음매 부분이 두꺼우면 발효가 되었을 때 이음매가 위로 올라올 수 있다.
3. 달걀물을 바를 경우 밑바닥에 흐르지 않도록 주의해서 바른다.
4. 2차 발효가 오버되면 위에 줄무늬가 없어질 수 있다.
5. 높은 온도에서 빨리 구울수록 식감이 부드럽고 촉촉하다.

제품 평가표

제조 공정						제품 평가		
순서	세부항목	배점	순서	세부항목	배점	순서	세부항목	배점
1	계량시간	2	12	중간발효	2	22	부피	8
2	재료손실	2	13	정형숙련도	4	23	외부균형	8
3	계량정확	2	14	정형상태	5	24	껍질	8
4	반죽혼합순서	2	15	팬에 넣기	2	25	내상	8
5	반죽상태	4	16	2차 발효관리	2	26	맛과 향	8
6	반죽온도	3	17	발효상태	4			
7	1차 발효관리	2	18	굽기 관리	2			
8	발효상태	4	19	구운 상태	4			
9	분할시간	2	20	정리정돈 및 청소	4			
10	분할 숙련	2	21	개인위생	4			
11	둥글리기	2						

제과제빵기능사 시험 안내

제과제빵기능사 자격증 안내

1. 제과기능장

제과 및 제빵에 관한 최상급 숙련기능을 가지고 산업 현장에서 작업관리, 제과 및 제빵 기능자의 기술지도 및 감독, 현장훈련, 경영계층과 생산계층을 유기적으로 연계시켜 주는 중간관리 등의 업무를 수행한다.

2. 제과기능사

각 제과제품 제조에 필요한 재료의 배합표 작성, 재료 평량을 하고 제과 재료인 밀가루, 쇼트닝, 설탕, 소금, 팽창제, 물 등을 배합하고 각종 제과용 기계 및 기구를 사용하여 성형, 굽기, 장식, 포장, 등의 공정을 거쳐 각종 과자류를 만드는 업무를 수행한다.

3. 제빵기능사

제빵제품 제조에 필요한 재료의 배합표 작성, 재료 평량을 하고 제빵 재료인 밀가루, 물, 소금, 효모 및 기타 부재료 등을 배합하고 각종 제빵용 기계 및 기구를 사용하여 반죽, 발효, 성형, 굽기 등의 공정을 거쳐 각종 빵류를 만드는 업무를 수행한다.

검정 응시 절차

1. 수검원서 교부 및 접수 등

1) 교부 및 접수

- 접수 장소 우리공단 5개 지역본부 및 18개 지방사무소, 공단홈페이지
- 평일 09:00~18:00
- 토요 휴무일, 공휴일 및 공사 행사일은 원서교부 및 접수를 하지 않음

2) 수검원서 접수

- 접수 장소
  - 우리공단 5개 지역본부 및 18개 지방사무소
  - 인터넷 접수: www.hrdkorea.or.kr
- 제출 서류
  - 수검원서 1매(공단 소정양식)
  - 응시자격증빙서류 1부(기술사, 기사, 산업기사 필기시험 합격예정자만 해당)
- 수검원서 접수기간
  - 필기시험 대상자: 해당 종목의 필기시험 원서 접수기간
  - 실기시험 대상자: 해당 종목의 실기시험 원서 접수기간

2. 접수된 수검원서

- 접수된 수검원서, 수수료, 응시자격 서류 등은 일체 반환하지 않는다.
- 수검원서 및 답안지 등의 허위, 착오기재 또는 누락 등으로 인한 불이익은 일체 수검자의 책임으로 한다.
- 접수된 서류가 허위 또는 위조한 사실이 발견될 경우에는 불합격 처리 또는 합격을 취소한다.
- 응시자격이 제한된 기술사, 기사, 산업기사 필기시험 합격예정자는 응시자격 서류 제출기간(당회 필기시험 합격예정자 발표일로부터 4일 이내)에 소정의 응시자격서류(졸업증명서, 공단 소정경력 증명서 등)를 제출하지 아니하면 필기시험 합격 예정시험이 무효된다.
- 작업형 실기시험은 시험장 임차기가관의 시설, 장비 및 일정 등을 고려하여 시행하므로 일요일 등 특정일에 국한하여 시험을 시행할 수 없어 평일에도 시행하고 있으며, 특히 접수인원이 소수이고 관할지역 내 시설, 장비가 없어 시험장 임차가 어려운 일부종목은 부득이 타 지역으로 이동하여 응시할 수도 있다.
- 필기시험 면제기간 산정 기준일은 당해 필기시험 합격자 발표일로부터 2년간이다.
- 실기시험 일정은 수검인원에 따라 변경(연장 또는 단축)될 수 있다.
- 시험당일 입실시간까지 해당 시험실에 입실하지 않을 경우 시험에 응시할 수 없다.
- 출제기준 및 시험과목 등은 공단 홈페이지(www.hrdkorea.or.kr)를 참조한다.
- 시험장에는 차량출입이 불가하니 대중교통을 이용하는 것을 권장한다.
- 기타 문의사항이 있을 경우 가까운 우리 공단 지역본부 또는 지방사무소로 문의하기 바라며 본 공고 내용은 관계법령의 개정 등 사정에 의하여 조정·변경될 수도 있다.

1. 시험과목

제과이론(15), 제빵이론(15), 재료과학(15), 영양학(5), 식품위생학(10)이 있다.

2. 필기시험 출제 기준

과목	대분류	소분류
제과이론 (15점)	1. 배합표 작성	· 제품별 재료의 사용범위 · 제품종류 및 목적에 따른 배합표 변경작업
	2. 재료 평량	· 각종 재료의 계량방법
	3. 반죽	· 제품별 믹서방법
	4. 반죽온도 조절	· 믹서의 마찰계수측정 · 사용할(계산된) 물, 온도 산출방법 · 얼음 사용량 산출방법
	5. 반죽비중 조절	· 반죽비중 산출방법 · 비중에 미치는 영향 · 비중과 제품의 관계
	6. 팬닝(반죽 채우기)	· 각종 팬의 용적 계산방법
	7. 성형	· 성형기구의 종류 · 성형방법
	8. 굽기	· 오븐의 종류, 조작방법 · 제품별 굽는 방법
	9. 튀김(flying)	· 튀김기계의 조작방법 · 제품별 튀김방법
	10. 찜(steaming)	· 찜 기구의 사용방법 · 제품별 찜 방법
	11. 마무리	· 아이싱 코팅의 종류 및 용도 · 아이싱 코팅, 장식물의 제조방법 · 아이싱 코팅 방법 · 장식용 과자의 기본디자인
	12. 제품 평가	· 제품별 특성 및 평가
	1. 배합표 작성	· 제품별 재료의 사용범위 · 제품종류 및 목적에 따른 배합표 변경작업
	2. 재료의 평량	· 각종 재료의 계량방법

(계속)

과목	대분류	소분류
제빵이론 (15점)	3. 반죽	· 믹서의 사용방법 · 제품별 믹싱방법
	4. 반죽온도 조절	· 믹서의 마찰계수측정 · 얼음 사용량 산출방법 · 사용할(계산된)물, 온도 산출방법
	5. 팬닝(반죽 채우기)	· 각종 팬의 용적계산방법
	6. 발효	· 이스트의 기능발효관리 발효실제
	7. 성형	· 성형기구의 종류 · 성형 방법
	8. 2차 발효	· 발효관리
	9. 굽기	· 오븐의 종류, 조작방법 · 제품별 굽는 방법
	10. 냉각 및 포장	· 냉각 및 포장
	11. 제품평가 및 보관	· 제품별 특성 및 평가 · 제품별 보관방법
재료과학 (15점)	1. 기초과학	· 탄수화물: 단당류, 2당류, 전분 · 지방: 지방산, 유지의 조성, 물리적 성질 · 단백질: 아미노산, 단백질의 분류 단백질의 구조, 단백질의 성질 · 기초과학: 수소이온 농도, 비중 · 밀가루: 종류, 구조, 제분, 화학적 조성, 표백품질, 흡수, 밀가루 저장 · 기타 가루: 호밀, 콩가루, 감자가루, 활성 글루텐, 옥수수가루 · 감미제: 설탕 전화당, 포도당, 물엿, 꿀, 맥아당밀, 캐러멜색소, 유당
	2. 제과, 제빵재료	· 쇼트닝제품: 지방 고형질 계수, 쇼트닝, 라드, 버터, 마가린, 유화제 기능 · 유제품: 조성, 분류, 저장성 기능 · 달걀: 구조, 화학적 조성, 검사, 세균 · 물과 소금: 물의성질, 경도, 소금 · 기타 재료: 팽창제, 유화제, 안정제, 결착제, 스파이어스, 코코아, 초콜릿, 건포도, 견과, 색소 등
	1. 탄수화물	· 탄수화물의 분류 · 탄수화물의 반응 및 영양
	2. 지방질	· 단순, 복합, 유도지방질 · 지방질의 영양

(계속)

과목	대분류	소분류
영양학 (5점)	3. 단백질 및 아미노산	· 단백질의 분류 · 단백질의 구조 · 아미노산의 분류 · 필수아미노산 및 단백질의 영양
	4. 무기질	· 무기질의 일반기능
	5. 비타민	· 비타민의 분류 · 주요한 비타민
	6. 효소	· 효소의 분류 및 특수성 · 주요한 가수분해효소
	7. 소화흡수	· 소화작용의 분류 · 소화액 부비의 기구 · 흡수의 경로 · 소화효소 · 영양소의 소화흡수 및 소화흡수율
식품 위생학 (10점)	1. 부패와 미생물	· 부패 · 부패미생물 · 부패세균의 오염 및 침입경로 · 식품의 부패 과정 · 부패에 영향을 주는 요소
	2. 식품과 전염병	· 식품과 경구전염병 · 인축공동 전염병
	3. 식중독	· 식중독의 의의와 종류 및 발생 · 세균성 식중독 · 화학물질에 의한 식중독
	4. 식품첨가물	· 식품의 첨가물 · 식품의 방부제

실기시험

1. 실기시험 시 유의사항

■ 실기시험 월, 일 시간은 시험 1주일 전 지역 접수 공단의 공고나 ARS로 확인한다.

■ 시험 전 시험장소, 위치, 교통편을 확인하여 당일 지각하지 않도록 한다.

■ 입실시간보다 30분 정도 먼저 도착하여 준비하도록 한다.

■ 실비납입 영수증, 수검표, 주민등록증(운전면허증), 흰색 실습복(상, 하), 모자, 스카프, 자를 시험 전날 가방에 챙겨 넣어 빠진 것이 없도록 한다.

■ 위생복, 모자를 깨끗하게 착용하고, 두발, 손톱 등이 단정하고 청결하여야 한다(매니큐어, 반지, 귀걸이, 팔지 등 착용 금지).

■ 제품 진열 시 색이 고르게 착색된 것을 앞으로 하여 뒤로 진열한다.

■ 각 공정이 끝날 때마다 재확인 후, 감독관에게 확인을 받는다.

■ 오븐은 동시에 같이 굽기할 수험자끼리 짝을 맞추어 사용한다.

■ 감독관에게 되도록 필요한 질문 외에는 말을 하지 않도록 한다.

■ 실기품목에 대한 감독관의 예상 질문을 미리 숙지하도록 한다.

■ 사용한 작업대, 기구, 장비 및 주위를 깨끗이 청소하고 정리 정돈한다.

■ 작업장 퇴실 시, 비번호, 지시사항, 배합표를 제품과 함께 놓는다.

■ 등번호를 받은 후, 외부로 전화하지 않도록 한다(퇴장 조치 당함).

2. 제과작업 출제기준

시험과목(출제문제 수)		출제기준
	주요 항목	세부 항목
제과작업	1. 배합표 작성	1. 주어진 조건에 따른 배합표 작성능력 2. 시간엄수(소수점, 공식계산 유의) 3. 문제지 뒷면에 먼저 답을 작성한 후 답안지 작성
	2. 재료 평량	1. 평량시간(숙련도) 2. 재료손실 3. 평량적 확도
	3. 믹싱방법	1. 기계 조작 2. 혼합(믹싱)순서 및 믹싱기간 적합성 3. 반죽상태
	4. 반죽온도 조절	1. 반죽결과 온도의 적합 2. 마찰계수 산출 3. 사용할 물, 온도 산출 4. 얼음 사용량 산출

(계속)

시험과목(출제문제 수)	출제기준	
	주요 항목	세부 항목
	5. 반죽비중 측정	1. 반죽비중 측정방법 2. 반죽비중 결과(주어진 범위 이내)
	6. 반죽 채우기	1. 팬닝량 적합성(적당량) 2. 숙련도 모양 및 시간정확도(성형중량 및 크기)
	7. 성형	모양 및 시간 정확도(성형중량 및 크기)
	8. 굽기	1. 오븐 조작 2. 구워진 상태 및 굽기원리
	9. 튀김	1. 튀김기 조작 적합성 2. 튀겨진 상태 및 튀김원리

3. 제빵작업 출제기준

시험과목(출제문제 수)	출제기준	
	주요 항목	세부 항목
제빵작업	1. 배합표 작성	1. 주어진 조건에 따른 배합표 작성능력 2. 시간엄수(소수점, 공식계산 유의) 3. 문제지 뒷면에 먼저 답을 작성한 후 답안지 작성
	2. 재료평량	1. 평량 시간(숙련도) 2. 재료손실 3. 평량 정확도
	3. 믹싱방법	1. 기계 조작 2. 혼합(믹싱)순서 및 믹싱기간 적합성 3. 반죽상태
	4. 발효	1. 발효실 관리 2. 온도 및 습도 3. 발효점
	5. 정형	1. 숙련도 및 정확성 2. 분할. 둥글리기 3. 중간발효 4. 성형 5. 팬닝 6. 팬닝량 계산능력
	6. 2차 발효	1. 발효실 관리 2. 온도 및 습도 3. 발효 점
	7. 굽기	1. 오븐 조작 2. 구워진 상태 및 굽기 원리

4. 채점기준

구분	항목	제과기능사 항목별 내용	항목	제빵기능사 항목별 내용
제조 공정 (60점)	배합표 작성	주어진 조건 시간에 맞게 배합표를 작성하였는지 확인	배합표 작성	주어진 조건 시간에 맞게 배합표를 작성하였는지 확인
	재료계량	시간, 재료손질, 정확도	재료계량	시간, 재료손질, 정확도
	믹싱방법	기계 조작, 재료의 혼합순서, 믹싱시간의 적합성, 반죽온도 조절, 반죽상태	반죽제조	재료의 혼합순서, 반죽온도 조절, 반죽발전상태, 반죽의 되기 조절
	반죽비중 측정	반죽비중 측정방법, 비중결과	1차 발효	발효관리, 발효시간, 발효 상태(발효종점)
	팬에 반죽 넣기	팬에 적당량의 반죽을 넣었는지에 대한 숙련도	분할	제한시간 내의 분할, 숙련도 및 정확도
	정형	모양시간, 정확도(중량 및 크기)	둥글리기	반죽표면처리, 숙련도, 정렬상태
	굽기	오븐 조작, 구워진 상태 및 굽기 관리	중간발효	적정시간, 표면이 건조되지 않도록 조치
	튀기기	튀김기 조작, 적합성, 튀겨진 상태, 튀김관리	정형	숙련도(가스 빼기, 내용물 싸기, 마무리), 모양이 균일하고 일정한지 확인
			팬 넣기	팬 기름칠, 이음매 처리, 팬에 정렬상태
			2차 발효	발효실 관리, 적정시간, 최적발효상태
			굽기	굽기 관리, 오븐 조작, 구운 상태
제품평가 (40점)	외부균형	찌그러짐이 없이 균일한 모양을 이루고 균형이 잘 잡혀 대칭을 이루는지 평가	외부균형	찌그러짐이 없이 균일한 모양을 이루고 균형이 잘 잡혀 대칭을 이루는지 평가
	껍질상태	껍질이 부드러우면서 얇으며, 먹음직스러운 색을 띠고 옆면과 바닥에도 구운 색이 나는지 평가	껍질상태	껍질이 부드러우면서 얇으며, 부위별로 균일한 색깔이 나는지 반점과 줄무늬가 없는지 평가
	내상	기공과 조직이 부위별로 고르고, 부드러운 상태인지 끈적거림, 탄 냄새, 생 재료 맛 등 전체적인 맛과 향이 떨어지지 않는지 평가	내상	기공과 조직이 부위별로 고르고, 부드러운 상태인지 끈적거림, 탄 냄새, 생 재료 맛 등 전체적인 맛과 향이 떨어지지 않는지 평가
	맛과 향	씹는 촉감이 부드러우며, 끈적거리지 않고, 향이 조화를 이루는지, 끈적거림, 탄 냄새, 생 재료 맛 등 전체적인 맛과 향이 떨어지지 않는지 평가	맛과 향	씹는 촉감이 부드러우며, 끈적거리지 않고, 향이 조화를 이루는지, 끈적거림, 탄 냄새, 생 재료 맛 등 전체적인 맛과 향이 떨어지지 않는지 평가

5. 제과제빵 실기 공개 문제

1) 제빵기능사(총 24품목)

작품명	시간
빵 도넛	3시간
소시지빵	4시간
식빵(비상스트레이트법)	2시간 40분
단팥빵(비상스트레이트법)	3시간
브리오슈	3시 30분
그리시니	2시간 30분
밤식빵	4시간
베이글	3시간 30분
햄버거빵	4시간
스위트롤	4시간
우유식빵	4시간
프랑스빵	4시간
단과자빵(트위스트형)	4시간
단과자빵(크림빵)	4시간
풀먼식빵	4시간
단과자빵(소보로빵)	4시간
더치빵	4시간
호밀빵	4시간
건포도식빵	4시간
버터톱식빵	3시간 30분
옥수수식빵	4시간
데니시 페이스트리	4시간 30분
모카빵	4시간
버터롤	4시간

2) 제과기능사(총 24품목)

작품명	시간
찹쌀도넛	1시간 50분
데블스 푸드 케이크	1시간 50분
멥쌀 스펀지케이크(공립법)	1시간 50분
옐로 레이어 케이크	1시간 50분
초코머핀(초코컵 케이크)	1시간 50분
버터 스펀지케이크(별립법)	1시간 50분
마카롱 쿠키	2시간 10분
젤리롤 케이크	1시간 30분
소프트 롤 케이크	1시간 50분
버터 스펀지케이크(공립법)	1시간 50분
마들렌	1시간 50분
쇼트 브레드 쿠키	2시간
슈크림(슈 아 크렘)	2시간
브라우니	1시간 50분
과일케이크	1시간 30분
파운드 케이크	2시간 30분
다쿠아즈	1시간 50분
타르트	2시간 20분
사과 파이	2시간 30분
퍼프 페이스트리	3시간 30분
시폰케이크(시폰법)	1시간 30분
밤과자	3시간
마데이라(컵) 케이크	2시간
버터 쿠키	2시간

참고문헌

오명석 외 2인(2014). **제과제빵 기능사 실기**. 에듀윌

월간 파티시에(1992). **빵·과자 백과사전**. (주)비앤씨월드.

이명호 외 2인(2004). **호텔 제과제빵 입문**. 기문사.

이명호 외 2인(2005). **제과제빵 경영론**. 형설출판사.

이정훈 외 5인(2010). **NEW 제과제빵 원론**. 지구문화사.

이정훈 외 7인(2012). **NEW 제과제빵 실기**. 지구문화사.

이형우(2009). **NEW 베이커리학 개론**. 지구문화사.

한국외식문화연구회(2006). **만들기 쉬운 기초 제과·제빵**. 교문사.

대한제과협회. **월간 베이커리**

비앤씨월드 편집부. **월간 제과제빵**. (주)비앤씨월드

우정공업. **우정공업 Catalog.**

한국산업인력공단 홈페이지
http://www.hrdkorea.or.kr

찾아보기

저자소개

안호기
경기대학교 대학원 박사
(주)호텔롯데근무
수원여자대학 외래교수
청강문화산업대학 외래교수
안양과학대학 겸임교수
현재 백석문화대학교 외식산업학부 교수

이은준
강릉원주대학교 대학원 관광박사
(주)호텔롯데근무
백석문화대학교 외래교수
혜전대학 외래교수
청운대학교 겸임교수
현재 청운대학교 호텔조리식당경영학과 교수

제과제빵기능사
이론 및 실기

2014년 9월 4일 초판 인쇄 | 2014년 9월 12일 초판 발행

지은이 안호기·이은준
펴낸이 류제동 | **펴낸곳** ㈜교문사

전무이사 양계성 | **편집부장** 모은영 | **책임진행** 김소영 | **디자인** 김재은 | **편집** 김남권 | **제작** 김선형 | **홍보** 김미선
영업 이진석·정용섭·송기윤 | **출력** 삼신문화사 | **인쇄** 삼신문화사 | **제본** 한진제본

주소 경기도 파주시 교하읍 문발리 출판문화정보산업단지 536-2 | **전화** 031-955-6111(代) | **팩스** 031-955-0955
등록 1960. 10. 28. 제406-2006-000035호 | **홈페이지** www.kyomunsa.co.kr | **E-mail** webmaster@kyomunsa.co.kr
ISBN 978-89-363-1422-4 (93590) | **값** 25,000원